陶小乐玩转数学 **3**

# 不一样的数学

麦田 编著

山东教育出版社

**图书在版编目(CIP)数据**

不一样的数学 / 麦田编著. —济南 ：山东教育出版社，2017.1 （2018.3 重印）

（陶小乐玩转数学 ；3）

ISBN 978-7-5328-9626-4

Ⅰ．①不… Ⅱ．①麦… Ⅲ．①数学—儿童读物 Ⅳ．①O1-49

中国版本图书馆 CIP 数据核字（2016）第 302374 号

陶小乐玩转数学 3

# 不一样的数学

麦 田 / 编著

主　管：山东出版传媒股份有限公司

出版者：山东教育出版社

　　　　（济南市纬一路 321 号　邮编：250001）

电　话：(0531) 82092664　传真：（0531）82092625

网　址：sjs.com.cn

发行者：山东教育出版社

印　刷：山东泰安新华印务有限责任公司

版　次：2017 年 1 月第 1 版　2018 年 3 月第 3 次印刷

规　格：880mm×1230mm　32 开本

印　张：5

字　数：110 千字

印　数：13001-18000

书　号：ISBN 978-7-5328-9626-4

定　价：18.00 元

（如印装质量有问题，请与印刷厂联系调换）

电话：0538-6119313

# 前言

我叫陶小乐，虽然体育是我的强项，但是在学习成绩上，我也一点都不比别人差哦！从小到大，被大人们无数次夸赞聪明伶俐的我，竟然在上小学后碰到了第一个"死对头"——数学。

这个总是跳出来和我作对的家伙，让我吃了不少苦头，我甚至无数次希望它从这个世界上消失！不过这些都是过去的事情了，现在，我和数学早已在一次次精彩有趣的碰撞中"化敌为友"了。

你想知道我是如何赢得数学这个朋友的吗？那就赶快和我一起冒险吧！

# 陶小乐

　　一个聪明、顽皮、淘气，又爱好各种运动的男孩子，富于冒险精神。因为一年级时一次数学课上的受挫，让他对数学产生了极大的反感。三年级时，一位新来的数学老师给他们上了一堂神奇的数学课，让他对数学有了别样的认识。之后，他渐渐地喜欢上数学，数学成绩也突飞猛进。

# 窦晓豆

和陶小乐一样，他也是一个好动不好静的男孩子。在小学刚入学的时候，因为他的"不拘小节"，给陶小乐留下了不好的印象。但是随着不断深入的了解，他们俩成了死党，并和胡聪聪一起成为"三剑客"组合。

# 胡聪聪

一个总是喜欢说大话的男孩子，讲起话来总是信心满满，让人有种他知道很多事情的错觉。可是因为他的自以为是，闹出了不少笑话，大家也渐渐了解到他总是不懂装懂的个性。和窦晓豆一样，他也是陶小乐的死党，"三剑客"组合的重要成员。

## 戴志舒

　　陶小乐的同桌，经常告诫陶小乐要好好学习。他的各门功课都很优秀，喜欢读书，遇事沉着冷静，总是一本正经地研究问题，男生们都叫他"小眼镜"。

## 简彤

　　陶小乐的死对头，一个聪明、干练、骄傲的女孩子，说话做事干脆利落。因为有同学曾经把"彤"错念成"丹"，于是她就得了个"简单"的绰号。不过这个小丫头的头脑却一点都不简单，只要找到思路，什么事情在她嘴里都会变成一句话——"这事儿，简单啦！"

## 叶小米

　　一个漂亮、可爱的小女生，总是一副小淑女的形象，但是眼泪来得超级快。曾经因为陶小乐在她背后轻轻地学了声猫叫，就被吓得大哭起来。虽然她的胆子很小，但是在和同学们冒险的过程中，却从未退缩过。

# 目录

Contents

320 X 2

640 X 2

1280 X 2

2560＞150

30 30

60

60

$$40 \times \frac{3}{4} \times \frac{2}{3}$$
$$=30 \times \frac{2}{3}$$
$$=20(天)$$

$$\frac{57}{5}=11.4(千米/秒)$$

896

560

年份

2015  2016

我是你的新朋友，
欢迎走进我的故事！

# 第一章 魔术小子狄科

暑假过去了,新学期开始了。

今天是开学的第一天,在我快走到学校大门口时,忽然听到有人叫我的名字。回头一看,原来是一个看起来有点眼熟的大哥哥。

"你是这所小学的学生吧?"

"是啊,你是?"

"哈哈,你忘了?"大哥哥朝我眨了眨眼。

"哦,我想起来了,你是那个在公园里表演魔术的大哥哥。你到我们学校来,有什么事吗?"

"暂时保密,不过你很快就会知道了。"

说话间,我们已经走进了教学楼,大哥哥又朝我眨了眨眼,就向校长办公室走去。窦晓豆不知道什么时候来到我身后,使劲地拍了一下我的肩膀,大声说:"喂,陶小乐,你刚刚跟谁说话呢?"

"魔术小子呀,就是那次在公园里碰到的表演魔术的大哥哥。"

"他来我们学校干什么?"

"我也不知道。不过他刚才神秘兮兮地说,我们很快就会知道了。谁知道他是不是又要变什么奇怪的魔术呢。"

刚走进教室,我就看到简形和小眼镜正在那里

议论:"你们知道吗?之前的数学老师调走了,从今天起,我们就换新的数学老师了。"

一听到和数学有关的事情,我的心情立刻烦躁起来,管他谁当数学老师呢,还不都是一个样。唉,只可惜今天的第一节课就是数学。

上课铃响了,教室门被打开了,走进来的竟然是魔术小子。他怎么来了?

"各位同学,大家好!我的名字叫狄科,狄就是'狄仁杰'的'狄',科就是'科学'的'科'。从今天开始,我正式成为你们的数学老师了。"

同学们都很惊讶,有几个女生忍不住赞叹道:"好帅啊!"班长急忙示意大家安静下来。说心里话,魔术小子竟然就是我们新的数学老师,这件事的确让我感到意外。不过无论谁当数学老师,对我而言都一样,我依旧不喜欢数学。

"今天是我给大家上的第一堂课,这样吧,我们先把书本放到一边,我给大家讲个故事好不好?"

一听说讲故事，同学们都来了精神，还从来没有老师在课堂上给我们讲过故事呢。

"从前有一个很有钱的财主，他自己并不识字，可是为了让自己的儿子有出息，他就给儿子专门请了个老师在家里上课。第一天，老师教这位少爷认识'一'字。"只见魔术小子，不，狄老师手一挥，黑板上立刻出现了一个"一"字。我并不感到意外，因为我早就见识过他的厉害了，可是同学们都感到很新奇，一个个瞪大眼睛。狄老师继续讲道："第二天，老师又教这位少爷认识'二'字。"狄老师的手又一挥，黑板上又出现了一个"二"字。他仿佛没听见同学们的惊叹似的，继续给我们讲着故事："到了第三天，老师又教这位少爷认识了'三'。这位少爷一看，原来写字这么容易啊。'一'就是一横，'二'就是两横，'三'就是三横，于是就跟财主父亲说，他已经全学会了，不用老师再教了。财主听了很高兴，心想自己的儿子就是聪明。没过几天，财主过生日，家里来了好多

客人,门口需要有人接待登记。财主一想,既然自己的儿子都这么有学问了,就让儿子去接待登记吧! 可是财主等了好久,客人们还是没有进来。财主急忙到门口一看,只见客人已经排成了长队,儿子正满头大汗地在纸上画横呢。财主急忙问是怎么回事,儿子也顾不得擦汗,头也不抬地说:'谁想到这第一个客人就姓万呢。'"

同学们听了都哈哈大笑起来,"真傻!"有人忍不

住说道。

"没错,这位少爷认为所有文字都可以用横线来代替,在我们眼里真的很傻。不过在很久很久以前,也就是我们的祖先开始计数的时候,这种行为并不傻,而是一项伟大的进步!"狄老师并没有理会同学们的疑惑,继续说道:"人类最初是没有数字的。那时候的人们虽然知道白天过去就是黑夜,然后又是新的一天,但是却不知道一年究竟有多少天,甚至不知道自己一天钓到了几条鱼。后来就有人发明了在绳子上打结的方法,一个打结的疙瘩就代表一天或者是一件物品。也有人用在岩壁上刻下横线的方式来记录数字,这看起来是不是和那位少爷的行为很像呢?"

大家又笑了起来,"这也太麻烦了吧!"又有同学插嘴说道。

"虽然很麻烦,但这毕竟是一种记数的方式,直到后来有了数字。数字是我们的祖先经过不断摸索、

总结经验，才研究出来的。而且早期的数字并不是现在全世界通用的阿拉伯数字，比如两河流域的古巴比伦人，就是用这些图形来代表数字的。"随着狄老师的手再次挥动，黑板上出现了一幅有很多箭头形状的图形。

"怎么是些小箭头呀？"我一不小心就把心里的想法说了出来。

狄老师微笑着看了看我，说道："陶小乐同学提的问题很有趣，这可不仅仅是一个数学问题。两河流域的古巴比伦人是用芦苇秆或者小木棒在泥板上刻字的，这就让字呈现出一头粗、一头尖的形状，这种字就是历史上有名的楔形文字。后来经过很长一段时间,又形成了一种更重要的文字,这种文字为字母文字的出现提供了重要的基础。这幅图上的一个小箭头就代表 1,两个小箭头就代表 2,依次到 9。"

我竟然受到了数学老师的表扬,这还是上学以来的第一次呢!

"我们去超市买白糖或大米,都会用到'克'和'千克'这两个质量单位,可是如果我问你盖一幢大楼需要多少水泥,你还用称白糖的单位来表述,是不是就和那位少爷犯了同样的错误呢? 这时候,'吨'这个单位就必须表现一下了。'千克'是'克'的1000倍,而'吨'则是'千克'的 1000 倍……"

想不到魔术小子的讲课方式还真挺特别的! 这是我两年以来,第一次上数学课时这么精神呢。我觉得他不是在讲枯燥的数学,而是在进行一场精彩的魔术表演。他的妙语连珠,还有挥手间出现在黑板上的字和图画,让我很快明白了"吨"是怎么回事,也知道了测量长度的"千米""厘米""毫米"之间

的关系。

　　狄老师的第一堂数学课马上就要结束了,最后他提了一个问题:"现在我们要给两个城市派送白糖。如果一个人每月需要食用 1000 克白糖,A 城有 4000 人,B 城有 2000 人,你们知道每月应该分别给这两个城市派送多少白糖吗? 糖厂到 A 城的路程是 392 千米,到 B 城的路程是 964 千米。到 B 城比到 A 城多多少路程? 往返 A 城需要行多少路程? 往返 B 城需要行多少路程?"

如果一个人每月需要食用1000克白糖，A城有4000人，B城有2000人，你们知道每月应该分别给这两个城市派送多少白糖吗？糖厂到A城的路程是392千米，到B城的路程是964千米，到B城比到A城多多少路程？往返A城需要行多少路程？往返B城需要行多少路程？

# 原来如此

首先要知道：1000 克 =1 千克

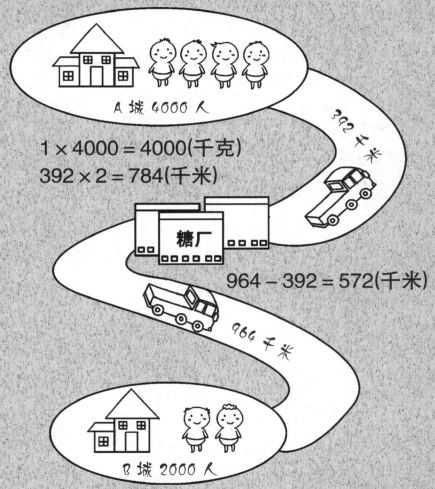

A 城 4000 人

$1 \times 4000 = 4000$(千克)
$392 \times 2 = 784$(千米)

392 千米

糖厂

$964 - 392 = 572$(千米)

964 千米

B 城 2000 人

$1 \times 2000 = 2000$(千克)    $964 \times 2 = 1928$(千米)

# 第二章 神秘图书馆

自从魔术小子当了我们的数学老师后,我上数学课的心情可大不一样了,而且我还发现,他竟然能准确地叫出所有同学的名字。要知道他和大多数同学都是刚认识,而且就算我们之前见过面,可当时我也没有告诉他我叫什么名字呀。这位新来的数学老师还真是很厉害呢。

同学们都对这位老师很着迷。整个学校,不,应该是在我认识的所有人当中,狄老师都是最帅的。

今天的数学课上,狄老师瞬间变出一个白色的正方形纸板。"今天我们来看看各种不同的图形会带来怎样神奇的变化。你们看,这是一个普通的正方形,可是当我把这个正方形按照不同的图形进行分割后,现在变成了什么?"只见那张白色的正方形纸板在狄

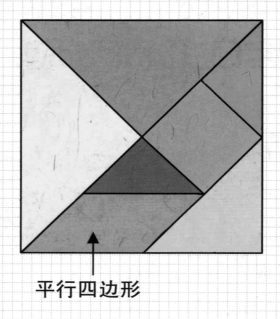

**平行四边形**

老师手里打了个转,一下就变成了我们小时候玩过的七巧板。

　　"大家可不要小看这个七巧板,它的历史很悠久,而且还是中国人发明的呢,外国人把它称为'唐图'。你们看到了吧,它由五个三角形、一个小正方形、一个平行四边形组成。"狄老师特意用手指了指七巧板底部的平行四边形,继续说道:"这些简单的图形在重新组合后,会发生神奇的变化。"狄老师的手一挥，那些七巧板竟然自动组合在一起，变成了一只小狐狸的图形。"大家能看出来那个平行四边形在什么位置吗？"

"尾巴！"大家异口同声地回答。更神奇的事情发生了，那只小狐狸竟然动了起来，还朝我们摇了摇尾巴呢。

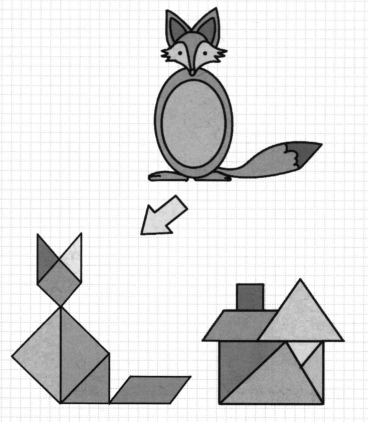

狄老师的手再次翻转，可爱的小狐狸不见了，取而代之的是一个漂亮的小房子图形。"现在大家能看出来，平行四边形在房子的什么位置吗？"

"在烟囱的下面。"我们的话音刚落，只见那个小房子的烟囱里冒出了淡淡的炊烟。

这么生动有趣的讲解，我当然能记住了。我连平行四边形都知道了，更别提长方形了，书桌不就是长方形的嘛。还有文具盒、书本……哎呀，真是太多了，说都说不完呢！

我渐渐地喜欢上数学课，每天都蹦蹦跳跳去上学，下午哼着歌进家门。妈妈看我每天都这么高兴，疑惑地问我："陶陶，最近有什么高兴的事情吗？"我却神秘地说："保密！"现在的我，每天就盼着上数学课呢。

"今天我要带大家参观一座神秘的图书馆。"

听狄老师这么一说，同学们都好奇地问："在哪儿呀？"还有人问："坐什么车去呀？"

"不需要坐车，只要大家闭上眼睛，在心里跟着我默数'1、2、3'就可以了！"

虽然大家都半信半疑,但是想到狄老师能变出那么多小把戏,那就跟着数好了。同学们都闭上眼睛,在心中跟着狄老师默念"1、2、3"。

只听狄老师说:"你们现在可以睁开眼睛了。"

大家睁开眼睛一看,都大吃一惊。刚才明明是在教室里,现在竟然是在一座金碧辉煌的大厅里。

"这就是那座神奇的图书馆吗？"同学们围着狄老师问个不停。

"图书馆只是这座神奇大厦的一小部分,这里还有很多其他设施,比如宾馆、健身房、餐厅等,还有一个大游乐场呢。"

"哦？那我们可以去游乐场玩吗？"一听说有游乐场,大家显得格外兴奋。

"可以,但是你们别忘了,我们今天的主要任务是参观神秘图书馆。如果你们能顺利完成参观神秘图书馆的任务,那我就允许你们去游乐场玩！"听狄

老师这么一说,同学们又是一阵欢呼雀跃。

　　这时,我们忽然听到大厅的另一边有吵闹的声音,转过头一看,那些人是谁呀?他们穿戴得好奇怪,最主要的是长得也太奇怪了吧,他们有的眼睛长在耳朵附近，还有的眼睛长在头上凸出来的两个肉角上！他们也发现了我们，有两个怪家伙朝我们走过来，我们都有些紧张。

"小朋友，你们都是学生吧？"那两个人非常和善地与我们交谈起来，我们紧张的心情也放松下来。反正有狄老师在，什么也不怕。

"我们一共有34人，是来这里住宿的。服务人员告诉我们每间房可以住4人，问我们8个房间够不够。可是我们都不会数学，答不出来，他就不给我们登记。你们能帮我们算一下吗？"

这个宾馆怎么能为难客人呢。我们看了看狄老师，狄老师冲我们点点头，同意我们帮助这些相貌古怪的人。

我和窦晓豆、胡聪聪凑在一起计算着，还没等我们算出来，就听到小眼镜说话了："34除以4等于8余2，所以你们需要9个房间。"

唉，我们三个还是没有算过小眼镜。

帮助了这些相貌古怪的人后,我们在狄老师的带领下,来到了这座大厦的神秘图书馆。这里的书好多啊,简直就是书"山"书"海"。胡聪聪竟然自不量力地数起来,可是数着数着就忘记数到了哪里。

看到忙着数书的胡聪聪,狄老师笑着说:"你们想知道这个架子上有多少书吗?让我来告诉你们吧。这个书架一共有 32 层,每层有 384 本书,你们说这个书架上一共有多少本书呢?"

"啊?这可是 384 乘以 32 呀。我们还没有学过这样复杂的算式呢。"有几个同学冲着狄老师抱怨道。

"你们不是已经学过一位数的乘法了吗？现在想一想,要怎样把 384 乘以 32 换成你们学过的知识？比如可以把 32 分成几个个位数相乘,然后依次和 384 相乘。"狄老师耐心地对我们说。

哇,听狄老师这么一说,这道题就变得容易多了。我立刻想到"四八三十二"的乘法口诀,然后开始计算 384 乘以 8 得出了 3072。正准备计算 3072 乘以 4 时,就听到小眼镜已经说出了"12288"这个数字。唉,我又一次失去了在狄老师面前表现自己的机会。

"现在我们来做个游戏,看看谁能更快地找到三本有关动物的书。我们可以实行分阶段获胜法,比如谁最快找到第一本,谁最快找到第二本,谁最快找到第三本,最后我们再根据找到三本书一共用掉的时间来评出谁是最快的总冠军。我来计时,大家听到口令后就可以开始了。"

游戏的结果是我用了 1 分 40 秒找到第一本

书, 2 分 12 秒找到第二本书, 1 分 58 秒找到了第三本书。窦晓豆找到第一本书的时间是 1 分 42 秒, 找到第二本书的时间是 2 分 18 秒, 找到第三本书的时间是 1 分 57 秒。我们俩到底谁用的时间少? 谁胜出了呢?

陶小乐和窦晓豆分别用 1 分 40 秒、1 分 42 秒找到第一本书；2 分 12 秒、2 分 18 秒找到第二本书；1 分 58 秒、1 分 57 秒找到第三本书。他们俩到底谁用的时间少？谁胜出了呢？

# 原来如此

## 阶段胜负：

|  | 陶小乐 | 窦晓豆 | 胜出方 |
|---|---|---|---|
| 第一本用时 | 1 分 40 秒 | 1 分 42 秒 | 陶小乐 |
| 第二本用时 | 2 分 12 秒 | 2 分 18 秒 | 陶小乐 |
| 第三本用时 | 1 分 58 秒 | 1 分 57 秒 | 窦晓豆 |

## 综合胜负：

为了方便记录，将分转化为秒，分别加起来就知道了！

| |
|---|
| 1 分 40 秒 =100 秒 |
| 2 分 12 秒 =132 秒 |
| 1 分 58 秒 =118 秒 |

350 秒

| |
|---|
| 1 分 42 秒 =102 秒 |
| 2 分 18 秒 =138 秒 |
| 1 分 57 秒 =117 秒 |

357 秒

350 秒 VS 357 秒

知道谁用的时间少，谁胜出了吧！

**陶小乐是最终胜出者！**

# 第三章 又见神奇的莫比乌斯环

如果心情好起来，时间似乎也过得格外快。自从升上小学三年级，我就觉得时间过得简直太快了，原因只有一个，那就是我们的新老师——魔术小子狄科。嘿嘿，当然喽，我只有在私下里，和窦晓豆、胡聪聪在一起的时候，才会叫他魔术小子的。

今天的数学课上，狄老师又给我带来了大惊喜。你们是不是觉得很奇怪，明明是给全班同学上课，为什么还能给我带来大惊喜呢？因为狄老师在上课的时候拿出了两张纸条，一张卷起来围成了一个正常的圆环，另外一张则是有一端旋转了 180° 后围成了一个圆环。狄老师问大家："有谁知道这第二个纸环叫什么吗？"

哈哈，我太熟悉了，这就是在布铃布铃魔法屋外，铅笔精灵给我看过的纸环。后来布拉布拉小魔女还用这个圆环给我做了一个召唤她的魔法小球呢！我看了看其他人，竟然没人举手。

狄老师看看大家说："怎么？没人知道吗？"

这次可轮到我好好儿地表现一下了。我高高地把手举起来，狄老师微笑着点头，示意我可以站起来回答问题。我站起来大声说道："这是神奇的莫比乌斯环！"

"嗯，陶小乐说得很对。这就是数学领域中著名的莫比乌斯环。"狄老师刚说完这句话，全班同学都把目光投向了我。大家一定感到很奇怪，一向讨厌数学的我，怎么会知道全班同学都不知道的问题呢。那一刻，我像一只骄傲的小孔雀，心里美极了。

"陶小乐，既然你知道这是莫比乌斯环，那么你能给大家讲讲这个环有什么特别之处吗？"

我怎么会错过这个在狄老师面前表现自己的机会？我迅速走上讲台，清了清嗓子，郑重地拿起第

一个正常围起来的纸环,对同学们说道:"大家都知道
这个纸环沿着中间的线剪开,会分成两个比之前窄一
半,但大小依旧相同的纸环吧?"我一边说,一边用狄
老师递过来的剪刀将纸环剪开,一手拿着一个宽度只
有原来一半,但大小依旧相同的纸环让大家看清楚。
随后,我又拿起另外一个纸环,也就是那个一端旋转
180°后粘贴起来的纸环让大家看清楚,然后煞有介
事地说:"接下来就是见证奇迹的时刻了!"

话音未落,就有
同学在台下催促起
我来:"别卖关子了,
赶快说清楚吧。"

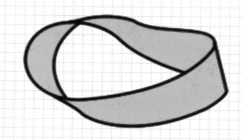

我根本没有理
会,而是拿起剪刀,认真地沿着纸环中间的画线部
分剪起来。剪完后,我猛地将纸环抖开。哈哈,当同
学们看到我手里竟然是一个比原来大一倍的纸环
时,都吃惊地瞪大了眼睛,有的同学还说:"这怎

么可能?"看到他们惊讶的表情,我的心里别提有多得意了。

"陶小乐做得非常好。"狄老师一边说,一边微笑着示意我可以回到座位上。当我回到座位时,清楚地看到了小眼镜脸上那对我从来没有过的惊讶和赞叹的表情,他还轻声说了句:"干得漂亮。"

我看了他一眼,小声说:"谢了。"我之所以这样说,不仅仅是感谢他夸奖我,还有另外一层含义,毕竟他没有把我、窦晓豆、胡聪聪是如何认识魔术小子的事情对全班同学讲出来,否则我们三个可就糟大了。

"刚刚陶小乐给大家演示了这个莫比乌斯环的神奇之处,现在我再给大家展示它的其他神奇之处。"听狄老师这么一说,我心里大吃一惊,难道莫比乌斯环还有其他我不知道的奥秘吗?

"同学们看好了,我沿着陶小乐剪好的这个长纸环的中间再剪一次,看看它还会发生什么变化。"

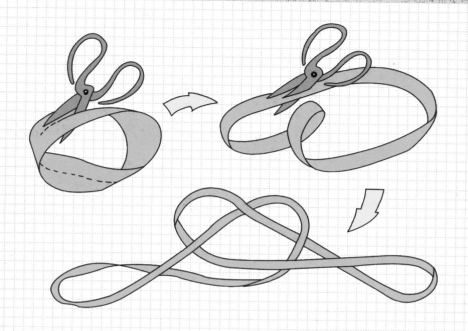

　　同学们都全神贯注地盯着狄老师手中的纸环，只见他飞快地剪开纸环，纸环分成了两个更窄的纸环。狄老师提起一个纸环，而另一个纸环竟然和提起的那个纸环是套在一起的。这真是太神奇了。

　　狄老师把这两个套在一起的纸环放到一边，一挥手，手里又出现了一个莫比乌斯环。"我们刚刚看到了莫比乌斯环剪开两次后发生的变化，现在谁能告诉我，这个纸环到底哪面在里，哪面在外？"狄老师看了看大家,见没人回答,就又一挥手,这个莫比乌斯环竟然变成了一个公路模型。在这个公路模型上,还有一只蚂蚁在沿着公路向前爬。

"大家仔细看一看,这只蚂蚁到底是在哪一面爬呢?"

我们睁大眼睛,看着蚂蚁沿着莫比乌斯环形的公路向前爬,结果发现它一会儿在里面,一会儿又在外面。

看到同学们一脸惊愕的表情,狄老师说:"今天回家后,大家也可以照样子做一个莫比乌斯环,然后用颜料沿着纸环的一面一直涂下去,看看能不能不间断地将一面涂上颜色。做过这个试验之后,大家就会明白,为什么在莫比乌斯环上爬行的蚂蚁一会儿在里面,一会儿又在外面了。"

"这个奇怪的莫比乌斯环到底有什么用途呢?"有同学好奇地问。

"大家都知道传送带吧!因为传送带总是在不停

地转动,所以它的磨损率很高。如果把传送带做成莫比乌斯环的样子,就会减少磨损。至于原因是什么,相信大家用颜料不间断地涂过这个环的一面之后,就会得出结论。你们也会对数学在这个世界上的作

用有更多的理解。"狄老师说完，下课铃声也响起了。

今天正好轮到我、窦晓豆、胡聪聪三个人值日，明天就是周末了，我们要把教室打扫得干干净净，迎接下周一的数学课。哈哈，当然了，还有别的课程呢，只不过现在的数学课实在太有趣了，一定要放在第一位来说。

窦晓豆一边打扫卫生，一边说："陶小乐，今天你算是给咱们争光了。"

胡聪聪也说："可不是嘛！你今天讲的那个'捂鼻子环'，真是太精彩了。"

我和窦晓豆听到胡聪聪竟然把莫比乌斯环说成了"捂鼻子环"，顿时笑得直不起腰来！

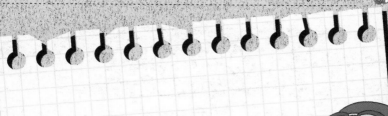

狄老师给同学们留了一个问题,那就是把传送带做成莫比乌斯环的样子就会减少磨损。这是为什么呢?

# 原来如此

### 正常纸环　　　莫比乌斯环

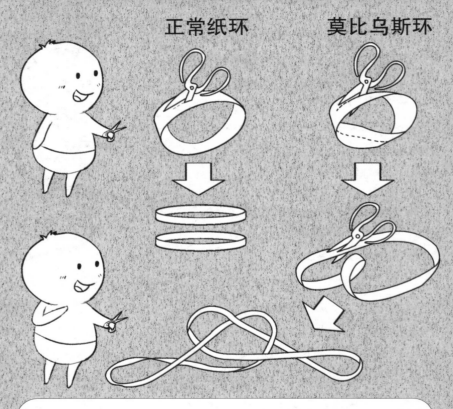

> 　　我们给莫比乌斯环的一面不间断地涂上颜色,会发现颜色涂着涂着就到了纸环的另一面,莫比乌斯环的妙处就在于此。所以把传送带做成莫比乌斯环的样子,被磨损的就不仅仅是一面,而是两面交替受到磨损,如此一来,就延长了传送带的寿命。假如真的有这么一条公路存在,那么爬行在上面的蚂蚁自然是一会儿在里面,一会儿在外面了。当一个纸条围成正常的圆环时,里外分明,而当一个纸条围成一个莫比乌斯环时,里面就是外面,外面就是里面。

# 第四章 快乐星期天

　　周日的天气格外好,我、窦晓豆、胡聪聪又一次聚在一起,商量着到哪里去玩。小区附近的公园已经去过好多次了,我们决定到江边好好儿地玩耍一下。

　　夏日的江边,游人如织。我们发现在一个游戏摊位前聚集了好多人,一个留着两撇小胡子的叔叔站在一个钟表似的转盘旁边。那个转盘的中心有一个指针,转盘上标着 12 个数字,并在每个数字上标有各种奖品的名称,有口香糖、铅笔刀之类的小东西,也有电饭煲、洗衣机、手机这类值钱的东西。

　　只见那个叔叔正在大声地向围观的人们介绍游戏的玩法:"各位,花两块钱就可以转动一次转盘。转盘停止后,指针指在哪个数字上,就按照顺时针的方向向前数出几格,然后那一格上标注的物品就是

你的了。比如指针指向2,就向前走2格。两块钱就有机会赢得一部手机!两块钱就有机会得到冰箱!走过路过不要错过,两块钱就能赢得获大奖的运气喽。"

这样的好事自然吸引了很多人,不过无论转动多少次,他们也只是得到了一些口香糖、玩偶之类的小东西。

"这些人也太倒霉了,还是看我的手气吧。"胡聪聪一边说,一边把手伸进口袋里掏钱。这时,一只手按在了胡聪聪的肩膀上。

“慢着！你玩这个游戏，必输无疑。”我们回头一看，原来是魔术小子，不，是我们的狄老师。

“为什么我会必输无疑呢？”胡聪聪显然很不服气。

“因为这里有一个和数学有关的问题，人家都设计好了，答案是必然的，所以我才会这么说。”狄老师一边说，一边将我们三个拉走，离开了那个游戏摊位。

我们都很想知道，为什么狄老师那么肯定地说我们会输，可是他却卖起了关子，神秘地说：“这是今天的压轴问题，当然要留到最后来回答了。”

我们一听都有些着急，不过我忽然明白了狄老师话里的意思：“狄老师，您的意思是要和我们一起玩吗？”

窦晓豆和胡聪聪也反应过来，立刻兴奋地嚷嚷道：“真的吗？真的吗？”

见狄老师微笑着点了点头，我们都欢呼雀跃起来：“哈哈，真是太好了。”

看到我们这么开心，狄老师也笑起来，他还给我们每人买了一个冰激凌。吃着甜甜的冰激凌，我的心仿佛也要被甜化了似的。忽然，我们被路过的一个玩具店的招牌吸引了，只见上面写着"高斯的店"。

"这个老板一定叫高斯吧？"我们猜测着，狄老师却笑着说："我觉得未必哦。我们还是进去看看吧。"

玩具店老板热情地招呼着我们，我们发现这里的玩具标价非常奇怪，从一元、两元依次标到了一百元。窦晓豆抢着说："高伯伯，我们先看看。"

老板一听，哈哈大笑起来："谁说我姓高了？"

胡聪聪奇怪地问："可是您的招牌上明明写着'高斯的店'呀。"老板听了，笑得更厉害了。

狄老师看了看这些玩具的标价，又看了看老板，肯定地说："老板，你是个数学迷吧。"

老板也上下打量着狄老师，问道："小伙子，看来你也是个数学迷吧？"

"他可是……"我刚想说他是我们的数学老师，却被狄老师制止了。

"我也是个数学爱好者。"狄老师对老板说。

"哦？"老板再次上下打量着狄老师，"那你肯定能一下算出来，如果在我的店里买齐从一元、两元依次到一百元的玩具各一件，一共需要多少钱呢？"

"这是现成的答案，5050元。"狄老师指着门口招牌上的"高斯"俩字，说出了答案。

"狄老师，为什么'高斯'就是这个问题的答案呢？"我们疑惑地看着他。

听到我们叫"老师"，老板一下子明白了："哦，你是他们的数学老师呀，难怪一下子就说出了答案呢。我看你这三个学生应该和高斯当年答出这个问题时的年龄差不多，刚才应该让他们来回答才对。"

"这到底是怎么回事？"我们听得一头雾水。

还没等狄老师说话，那位老板就讲了起来："高

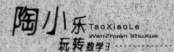

斯是个非常著名的数学家,有着'数学王子'的称号。他在上小学三年级的时候,有一天,老师在黑板上写下了从1、2、3一直加到100的一道题,让同学们计算。"

$$1+2+3+4+\cdots\cdots+98+99+100=?$$

我们不禁瞪大了眼睛说:"我们也是小学三年级的学生,可是这题也太难了,要做到什么时候啊。"

"是啊,那位老师大概想出道难题让学生们慢慢做,他好抽时间读读自己的书吧。可是没过多久,高斯就算出了正确答案。原来高斯并没有像其他同学那样把数字一个一个地相加,而是先仔细观察题目,发现这些数字首尾相加之和都是101。1

加 100 等于 101,2 加 99 等于 101,3 加 98 等于
101……这样累计相加之后就产生了 50 组 101,再
用 101 乘以 50,就得到了正确答案。"老板讲完后,我
们看了看狄老师,只见他微笑着点了点头,原来狄老
师也知道这个故事。

1+100=101 , 2+99=101 , 3+98=101……
一共50组101

"伯伯,您这么喜欢数学,为什么没有做和数学
相关的工作呢?"我好奇地问。

"我从很小的时候就想成为一名数学家,可是那
时候父母的身体都不好,我只能放弃了上大学的机
会,早早地参加工作了。"老板说这话的时候,脸上明
显露出了遗憾的表情,"你们现在的生活条件这么
好,一定要好好学习呀。这样吧,为了鼓励你们,我

送给你们每人一个玩具，喜欢哪个就自己拿。"

"那怎么行?"狄老师急忙掏钱，可是老板却坚持不收，还说他很高兴能遇到一个带着学生一起玩耍的数学老师。盛情难却，我们三人都不约而同地在价值一元的玩具里选了一件。

和狄老师在一起玩耍，时间过得特别快。傍晚，我们都要回家的时候，我突然想起了那个问题："狄老师，您还没告诉我们，为什么如果我们玩那个转盘抽奖的游戏，会必输无疑呢?"

**题目1** 各位同学，你能否猜出来，明明是自己亲手转动转盘得出的结果，狄老师为什么还说陶小乐和他的朋友们会必输无疑呢？

**题目2** 如果在"高斯的店"里买齐从一元、两元依次到一百元的玩具各一件，一共需要多少钱呢？

# 原来如此

## 题目1

答案其实很简单，这个游戏的摊主其实是利用了奇偶数的特点来骗人的。

奇数加奇数等于偶数，偶数加偶数自然还是偶数。摊主只要把值钱的东西标在奇数位置上，把不值钱的东西标在偶数位置上，这样玩的人就永远也得不到那些值钱的东西。不信？那你就自己比画一下吧。假如指针转到3的位置，顺时针数3格，就停在了6上。假如指针转到4的位置，顺时针数4格，就停在了8上。如果不嫌麻烦，你就试上12次，结果如何自然就明白了。

## 题目2

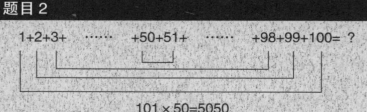

$$1+2+3+\cdots\cdots+50+51+\cdots\cdots+98+99+100=?$$

$$101 \times 50 = 5050$$

# 第五章 露营之夜

　　数学课！数学课！！数学课！！！现在，我每天都是这么盼着上数学课的，嘿嘿。

　　自从上次我们在江边碰到狄老师，他阻止了胡聪聪上当，之后碰到了那个玩具店的老板，我就明白了一个道理：数学还真是一门有用的课程。不，应该说非常有用，甚至还可以防止上当受骗呢。为什么我以前就没有发现数学这么好玩呢？

　　年轻又充满活力的狄老师总是能带给我们惊喜。还记得他带我们去了神奇大厦的神秘图书馆，在那里的游乐场痛痛快快地玩了一番，今天又带我们去野外露营。对我们这些从没离开过父母的孩子来说，这实在是一件很新鲜的事情。

　　同学们闭上眼睛，心里跟着狄老师默念"1、2、3"，睁开眼睛后,我们就身处一片茂密的大森林中了。

"咱们班一共有55人,那你们每5个人分成一组,一共能分成多少组呢?"狄老师问。

"11组!"同学们异口同声地回答道。

我、窦晓豆、胡聪聪自然是在一个组,可是还差两个人呢,结果狄老师就把小眼镜和简彤分到了我们组。说实话,别看我们三个和他们两个平时并不在一起玩,但关键时刻还是打过几回交道的。

只听狄老师说:"我们现在就开始闯关游戏,最先闯关成功的小组可以获得露营房间的优先选择权。"我和窦晓豆、胡聪聪早就瞄上了一个树屋,现在看来,我们必须赢了这一关才有机会选择这个心仪的树屋。

"每组同学拿到的题目难度是相同的,不过因为遇到的出题人不同,所以题目也是不同的。至于出题人是谁,就看你们自己的选择了。"

狄老师的手一挥,我们面前立刻出现了很多木牌。究竟选哪个木牌呢？我们五人商量了一下，就选择了一个写着"123,321"的牌子。我们刚刚将牌子拿出来，就有两个一模一样的小精灵出现在我们面前，原来它们是颠倒精灵兄弟呀！只见那个正着浮在半空中的小精灵说："我是123。"那个倒着浮在半空中的小精灵则说："我是321。"然后他们一同说道："27加72等于多少？"

原来就是简单的加法呀！我、简彤、小眼镜几乎同时说出了"99"。

"89加98等于多少？"

这个也很简单，不过我还是在心里稍微计算了一下，倒是简彤和小眼镜马上就说出了"187"。

"246加642等于多少？"

这道题也很简单，只是数字稍微大了些。可是还没等我们说出答案，这对颠倒精灵兄弟就说话了："时间到，算你们答错一题。"

啊？我们大叫起来："这也太不公平了！我们可

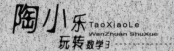

是都会算的呀！"

正着的小精灵说话了："我知道你们都会算，因为我们的题目都很简单。如果不在短时间内说出答案，这么简单的题目能难倒谁呢。"

这时，狄老师走了过来，对我们说："颠倒精灵兄弟只会出序数相反的加法，虽然题目不难，但是要快速回答就有点难度了。我教你们一个方法，遇到两位数相加的时候，比如刚刚它们说的 89 加 98，你们首先用 8 加上 9，得出 17 后，再用 17 中的 1 加 7 就得出了 8，然后将 8 插入 17 的 1 和 7 中间，就得出了 187，也就是 89 加 98 的正确答案。如果是三位数相加，比如刚刚要算的 246 加 642，这类题目是颠倒三位数中最简单的。不知道你们发现没有，246 和 642 的每相邻两个数字之间的差相等，都是 2，而且百位数字和个位数字相加都是一位数，也就是 8，这时就会出现'豹子'的现象，这道题的答案就是 888。相同的题目还有 123 加 321，百位数

字和个位数字相加是 4,所以这道题的答案就是 444。如果百位数字和个位数字相加是两位数,比如 789 加 987,百位数字和个位数字相加得 16,那就再将 1 和 6 相加得出 7,然后写成 77,插入到 16 的 1 和 6 之间,就得出 1776,这就是 789 加 987 的正确答案。你们明白了吗?"

听狄老师这么一讲,原本枯燥的数字竟然变得如此有趣,我们很快就熟悉了这种逆序数相加的快速算法。之后,任凭颠倒精灵兄弟出什么题,我们都能迅速给出答案了。就这样,我们闯关成功,如愿以偿地得到了我们喜欢的树屋的居住权。

"现在到用餐时间了,我们今晚有美味的披萨吃哦!"一听说有披萨,大家一片沸腾。"先别高兴,披萨有很多,不过你们能吃到多少,就要看你们自己选择的餐牌了。"狄老师顽皮地冲我们眨了眨眼。

同学们围拢到一张石桌前,狄老师打了个响指,石桌上立刻出现了许多木牌。可是这些木牌上的数字却跟我们熟悉的数字不一样,它们中间有一道短横线,上下各有一个数字。

这是什么数字啊?到底哪个数字代表的数量更多呢?

急着吃披萨的胡聪聪不管三七二十一,看到一个横线下写着9的木牌就拿了起来,嘴里还嘀咕着:"反正9最大。"

我看了一眼他的木牌,只见横线上写着1。窦晓豆大概也觉得9最大,所以他也选了一个横线下是9的木牌,只不过横线上是2。我只是随便拿了一个木牌,横线下是4,横线上是2。

"请选好木牌的同学按照分组选择一个石桌坐下,会有精灵服务生为你们端上美味可口的披萨。"狄老师大声对我们说。

同学们各自拿好木牌坐在石桌前等待。一个精灵服务生来到我们桌边,胡聪聪迫不及待地将手中的木牌递过去,只见精灵服务生看了一眼木牌,吆喝

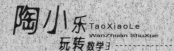

道:"$\frac{1}{9}$披萨。"他的手在空中一挥,一个装有披萨的盘子立刻摆放在胡聪聪面前。胡聪聪一看就傻眼了,脱口而出道:"怎么这么少呢?你们一定是搞错了吧。"

精灵服务生很肯定地说:"这就是你的木牌上标注的分量。"

看到胡聪聪的披萨那么小,窦晓豆忍不住笑起

来。胡聪聪气呼呼地说:"别笑我了,看看你的再说。"

窦晓豆将木牌递给精灵服务生,精灵服务生高喊一声:"$\frac{2}{9}$披萨。"窦晓豆面前立刻出现了一个披萨,看起来比胡聪聪的要大一倍呢。

我不禁担心起来,他们的木牌上都有 9 那么大的数字,可是得到的披萨却这么小,而我这个只有 4 和 2 的木牌,得到的披萨会不会更小呢? 我忍不住看了一眼小眼镜的木牌,只见他的木牌上,横线上是 1,横线下是 2,而简形的木牌上,横线上和横线下都是 5。到底我们五个人当中,谁分到的披萨多? 谁分到的披萨少呢?

同学们,你知道他们五个人当中,谁分到的披萨多,谁分到的披萨少吗?

# 原来如此

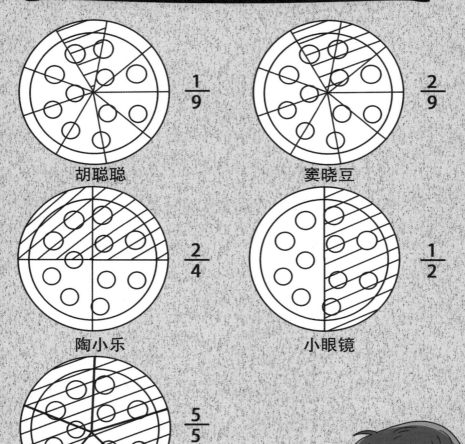

胡聪聪 $\dfrac{1}{9}$

窦晓豆 $\dfrac{2}{9}$

陶小乐 $\dfrac{2}{4}$

小眼镜 $\dfrac{1}{2}$

简彤 $\dfrac{5}{5}$

谁的最多，谁的最少，是不是一目了然呢！

# 第六章 森林遇险记

　　清晨,森林里的空气可真清新啊,温暖的阳光照射进树屋,鸟儿把我从睡梦中叫醒。我从木床上爬起来,顺着树屋的梯子来到了地面。

　　我呼吸着新鲜的空气,听着鸟儿悦耳的鸣叫,不知不觉中竟然走出去很远。这时,我忽然听到树上有人和我说话:"陶小乐,你一个人跑出去这么远,也不怕迷路吗?"我抬头一看,树上明明没有人,只有一只翠绿的小鸟歪着头盯着我。

　　"嘿,你找什么呢?是我在跟你说话呢。"原来正是这只翠鸟在跟我讲话。

　　"路就在这里。"我一边说,一边回头指,"哎呀,我刚刚走过的路呢?"我明明就是从一条林中小路走过来的,可是现在,身后竟然都是一些灌木丛和荆

棘,来时的路不见了!这可怎么办呢?我开始着急起来。

"这一定是森林里的淘气小精灵在捣鬼。他们总是喜欢捉弄那些独自跑到森林里的孩子。"翠鸟边说边从树上飞起来,"我去前面探探路,看看究竟是什么情况。"

翠鸟飞走了,只剩下我独自站在树下。我有点后悔自己一个人跑出来了,不知道狄老师和同学们是否已经发现我不见了。

或许我可以试着穿过这些树丛和荆棘,反正我的个子也不高。想到这里,我立刻走到那些挡住我去路的树丛前,想用手拨开树枝,看看有没有能让我过去的空隙。"哎哟!"那些荆棘的刺一下子扎到了我的手指,我不由得尖叫起来。

虽然刺很小,但是我的手指还是出血了。正当我用嘴吮吸着伤口冒出的小血珠时,那些树丛竟然开始晃动起来,好像有什么东西要跳出来似的。不会是蛇吧？或者是其他凶猛的动物？电视里都是这样演的！我的脑海里浮现出一幕幕恐怖的画面，紧张得屏住了呼吸。

"哈哈，我是123！""我是321！""我们又见面了。"原来是颠倒精灵兄弟呀！我深深地呼了一口气。

"你想回去吗？"颠倒精灵兄弟问我。

"当然想了，这还用问吗！"

颠倒精灵兄弟嘿嘿地笑着说："那你必须回答出我们的问题，否则就在这里等待救兵吧！"

昨天我们已经和颠倒精灵兄弟打过交道了，在狄老师的帮助下，我已经能够轻松地应付他们的问题了，所以我一点都不担心。

"听好了，96减69是多少？"

"咦，怎么不是加法呢？"

"哈哈，我们知道你已经掌握了逆序数相加的快速解法，当然不能再给你出加法了。你当我们是傻瓜吗？快说答案，慢了还是算你错。"

我在心中暗暗地计算了一下,说出了"27"这个答案,只见颠倒精灵兄弟后面的那些树丛变得略微稀疏了一些。

"812减218是多少?"

我一下慌了神,如果是在纸上计算,或者是在心里慢慢算,这当然难不住我,可是这对颠倒精灵兄弟可是要快速的回答呀!

"时间到!算你答错一题!"颠倒精灵兄弟的话音刚落,只见他们身后的树丛又变浓密了。

"你们以多对少,是在欺负人吧?"原来是那只翠鸟飞了回来。

颠倒精灵兄弟显得很委屈,他们说:"我们又不是在打架,哪里算是欺负人呢。"

翠鸟却伶牙俐齿地说:"不管怎样,陶小乐都是森林里的客人,让我来告诉他这里有什么规矩,这样才公平。"

只见正着的小精灵在空中打了个转,对倒着的

不一样的数学
BuYiYang De ShuXue

小精灵说："翠鸟说得有道理,那就让它跟这小子讲讲规矩吧。"

其实这只翠鸟只是把我叫到一边,偷偷地给我讲解了如何快速解决逆序数相减这类题目的方法。看来颠倒精灵兄弟远没有翠鸟聪明。

原来逆序数的相减也是有计算秘诀的。如果是两位数,比如刚才颠倒精灵问我的96减69,就是要先算出个位数字和十位数字的差,再乘以9就得出正确答案了。再举个例子,比如84减48,就可以用8减4再乘以9,就得出了36。哈哈,真是太有意思啦!

如果是三位数的逆序数相减,比如刚才我算的812减218,就用8减2得出6,6再乘以99。这个我自然是会计算的,答案就是594。

如果是四位数的逆序数相减,比如8994减4998,就用8减4得出4,4再乘以999,就得出正确答案了。当然,这里要有一个条件,那就是十位数字和百位数字必须是相同的。

翠鸟跟我讲清楚了森林里的"规矩"后，我就能迅速地回答出颠倒精灵兄弟提出的问题了。我一道一道地解开题目，那些荆棘和树丛也渐渐稀疏起来，最后终于露出了我来时的那条小路。

翠鸟陪着我往回走。我一路上很兴奋，激动地对翠鸟说："数学还真是有趣，可是这样的题目都太特殊了，我们平时碰到的问题不可能总是这样颠倒的呀！"

"不错，不过即便不是这么有规律的数字，计算起来也是有秘诀的，你慢慢就了解了。"

我和翠鸟正聊得开心，忽然听到一阵"一二、一二"的口号声，虽然声音不大，但却非常整齐。我正好奇呢，只见一群蚂蚁手持长矛，排着整齐的队伍向我走过来。

这些蚂蚁拦住了我的去路。蚂蚁首领大声说："你就是那个擅闯森林的不速之客吗？今天，如果你

回答不出我们的问题,你就永远留在这里吧!"

这是怎么回事?我只不过是出来呼吸一下新鲜空气,散散步,怎么就惹上这么多麻烦?不过,现在的我不会像从前一样,遇到点事情就惊慌失措了。相反,我一点也不紧张,只是有些顾虑这些蚂蚁会不会提出更难的问题,还好有翠鸟在我的身边。

"听好了,我们蚂蚁兵团共有 7946 只蚂蚁,派到别处 4285 只,剩下的蚂蚁都来和你迎战。你知道你现在要面对多少只蚂蚁吗?"蚂蚁首领大声对我发问道。

"让我算算……"我急忙在地上写起算式来。

"快点回答,否则算你错!"

就在蚂蚁首领要说"时间到"的时候,我说出了"3661"这个数字。

这时候,翠鸟又站出来替我说话了:"蚁兵们,你们说的数字太大了,不熟悉速算的人当然会算得慢了。你们还是换些数字小点的题目吧。"

蚂蚁首领看了看翠鸟,点点头说:"看在翠鸟的面子上,我就给你换一个数字小点的题目吧。今年的5月4日是星期三,那么今年的5月29日是星期几?去年的5月3日又是星期几呢?"

今年的 5 月 4 日是星期三，
那么今年的 5 月 29 日是星期几？
去年的 5 月 3 日又是星期几呢？

# 原来如此

**图表法：**

| 星期日 | 星期一 | 星期二 | 星期三 | 星期四 | 星期五 | 星期六 |
|---|---|---|---|---|---|---|
| 01 | 02 | 03 | 04 | 05 | 06 | 07 |
| 08 | 09 | 10 | 11 | 12 | 13 | 14 |
| 15 | 16 | 17 | 18 | 19 | 20 | 21 |
| 22 | 23 | 24 | 25 | 26 | 27 | 28 |
| 29 | 30 | 31 | | | | |

**计算法：**

$(29 - 4) \div 7 = 3 \cdots\cdots 4$

5月4日是星期三,在星期三的基础上依次往后数4天,当然就是周日喽!

去年的5月3日到今年的5月4日，是一年零一天也就是366天。366除以7得52余2,也就是52个星期之前往前数两天,就是星期一。当然,如果今年是闰年,一年有366天,那么去年的5月3日到今年的5月4日,是一年零一天,也就是367天,367除以7得52余3,也就是52个星期之前往前数三天,就是星期日。

# 第七章 魔术小子身份大揭秘

虽然这座神奇的森林总是给我们出难题，但也给我们带来了许多欢乐，因为这里有太多有趣的游戏和好吃的东西。即便是那些刁钻古怪的难题，在我眼里也越来越像一种有趣的游戏。还有那个可爱的树屋，我真恨不得把它搬回家去。

在翠鸟的帮助下，我一路过关斩将，顺利地回到了露营地。看到我和翠鸟一同回来，狄老师高兴地说："有翠鸟在，你就不会有事的！"

翠鸟和狄老师热情地打招呼，好像是久别重逢的老朋友。我们丝毫不感到意外，这个世界上还有狄老师不能创造的奇迹吗？反正狄老师现在在我们心中就是无所不能的偶像！

狄老师和翠鸟交谈了几句后，转头对我说："陶小乐,一会儿有个老朋友要来看你呢!"

啊?会是谁呢?我在心里猜测着。这时,窦晓豆和胡聪聪也凑了过来,好奇地打听着:"谁要来看你呀?"我挠挠头,有点摸不着头脑。

"你们也认识。"听狄老师的口气,应该是我和窦晓豆、胡聪聪都认识的人。

看我们一头雾水的样子,狄老师笑了:"你们不用猜了,一会儿跟着翠鸟一起去,见了面你们就知道了。"

"您不和我们一起去吗?"我有些失望。

"我还要留下来照顾其他同学呢,况且有翠鸟在,不会有事的。"

于是我们三人一路跟着翠鸟去见那个神秘的老朋友。翠鸟对我们说:"我们现在是向北走,下一个路口向右转,你们知道那是什么方向吗?"

"南!"胡聪聪还是控制不住地抢答了。

我仔细想了想,看地图的时候是"上北下南,左西右东"，如果我面向北方，那么右面就是东方。"东！"
没想到我和窦晓豆竟然一同说出了这个答案。

"对。南和北是相反的方向，如果我们的目的地
在北方，却朝着南方走，那就叫'南辕北辙'了。"

听到翠鸟这么说，我和窦晓豆开始笑胡聪聪："南
辕北辙！南辕北辙！"

"如果我们向东走后，遇到一个路口又向左转，
那是什么方向呢？"

这次胡聪聪学乖了，不急着抢答，而是在嘴里
嘀咕着："上北下南，左西右东。"

"还是向北。"这次轮到我抢答了。

"答对了！那就让我看看，谁在北方等着你们呢？"

在翠鸟的带领下，我们来到了一个美丽的湖畔，
可是这里并没有人。正在我们疑惑的时候，空中传
来粗哑的声音："你们的朋友在我的手里，想见到
她，就必须回答出我的问题。"

到底是谁在说话？我们四下寻找，但还是找不到

任何人的踪影。

"别找了，你们准备回答问题吧。1824 只蜜蜂分别朝四个不同的方向飞去，有 376 只朝东飞，有 443 只朝着与东方相反的方向飞，还有 418 只朝北飞，你们知道剩下的蜜蜂有多少只吗？它们又是朝哪个方向飞的呢？"

幸好在刚刚来的路上，翠鸟提问过关于方位的问题，我一边计算着，一边回答道："剩下的蜜蜂朝南

飞了！"这时我已经算出了答案："587 只朝南飞了。"

"我这里有 832 只喜鹊，如果让它们分别朝东、西、南、北四个方向飞，向每个方向飞的喜鹊数量是相同的，你们知道向每个方向飞的喜鹊有多少只吗？"

这是一道除法题，832 除以 4，我们在地上用树枝快速地算起来，并且同时说出了"208"这个数字。

"哈哈哈，你们三人的进步很大！"粗哑的声音一下子变成了一个好听的女声，布拉布拉小魔女出现在我们面前，"刚刚我只是想试探你们，看看你们这几个讨厌数学的孩子是不是有进步了。"

原来狄老师和翠鸟口中的老朋友，竟然就是布拉布拉小魔女呀。我们怎么没想到呢？可能是因为自从开学以来，我们和狄老师在一起的确太开心了，所以想念布拉布拉小魔女的次数就少了。

"怎么？没想到是我要见你们吗？是不是都快把我忘了？"布拉布拉小魔女一连串的问话，让我们三个都不知道该怎么回答了。

"看来你们对新来的数学老师很满意吧，这小子还真有两下子！"

　　"小魔女姐姐，你也认识我们的狄老师吗？"我们好奇地问。

　　"当然认识了，他是我师父的关门弟子，也就是

我的师弟。"

这简直就是一个特大新闻！难怪狄老师那么与众不同，那么厉害呢，原来他是布拉布拉小魔女的师弟。

"既然你们都有了这么大的进步，那我就好好儿地招待一下你们，有人已经等不及要见你们了。"

"谁呀？"

"你们现在有了新老师，就把老朋友都忘光了吧。当然是大脚鲍比、小松鼠和飞天超了。快走吧。"我们告别了翠鸟，跟着布拉布拉小魔女一起飞走了。

我们降落在一个漂亮的大花园里，大脚鲍比、小松鼠和飞天超看到我们，都高兴地拥上来，大家抱在了一起。

桌子上早就摆好了各种点心和饮料，大脚鲍比又端出一个大蛋糕，笑呵呵地说："今天是小松鼠的生日。"我们高兴地唱着生日快乐歌，祝小松鼠生日快乐。

当我们让小松鼠动手切蛋糕的时候,小松鼠却犹豫了,怎么也不肯下刀。它还说:"瞧瞧这蛋糕多漂亮呀! 中间有1朵玫瑰花,周围还有6朵玫瑰花,我可不想把玫瑰花切坏了。"

布拉布拉小魔女看了看蛋糕说:"蛋糕上有7朵玫瑰花,我们正好有7个人。现在我们来做个游戏,看看怎样只切3刀,就能把蛋糕分成7块,并且每块上面都有1朵完整的玫瑰花。"

"啊?这可怎么切呢?"我们又不知所措了。

飞天超沉思了片刻,胸有成竹地说:"我有办法

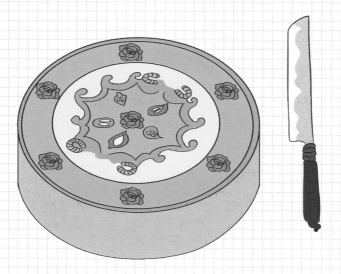

能够保证只切 3 刀,就把蛋糕分成各自拥有 1 朵完整玫瑰花的 7 块蛋糕,只是这些蛋糕块的大小是不相同的。"

　　小松鼠听后连忙表示:"没关系,我要小块的就行,反正我的饭量最小。"

　　"好,那我就动手切了。"只见飞天超利落地切了 3 刀,蛋糕就被分成了 7 块,并且各自带着 1 朵完整的玫瑰花。

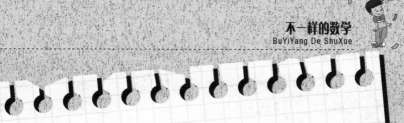

生日蛋糕上有 7 朵玫瑰花,正好有 7 个人。怎样只切 3 刀,就能把蛋糕分成 7 块,并且每块上都有 1 朵完整的玫瑰花呢?

# 原来如此

是不是很简单？

# 第八章 飞向太空

今天的数学课上，狄老师拿出一封信，对大家说道："有人邀请大家去一个地方玩，你们能猜到是去哪里吗？"

大家议论纷纷，狄老师带给我们的惊喜哪次是意料之中的呢？见我们猜的都不对，狄老师笑着说："算了，不难为你们了。你们还记得上次在神奇大厦，你们帮忙答题的那些人吗？"

一提到神奇大厦，大家又重新打开了话匣子："哦，就是那些长得很奇怪的人呀。""那些人竟然还有眼睛长在头上的肉角上的！""他们是哪儿的人呀？"

"他们是来自阿尔法星球的人。为了感谢你们的热情帮忙，他们特地发来了邀请函，邀请我们去他们的星球做客。"

　　同学们的情绪更加高涨起来，一个个都掩饰不住内心的兴奋。我们闭上眼睛，在心里跟着狄老师默数"1、2、3"。当我们睁开眼睛时，发现自己身处一个陌生的星球，周围停着好多飞船。我好奇地问狄老师："这里就是阿尔法星球吗？"

　　狄老师笑呵呵地说："当然不是了，去阿尔法星球可不是说'1、2、3'这么简单的。现在我们还是要分组，五人一组，每组驾驶一艘飞船，一起飞向阿尔法星球。"

　　这一次，狄老师竟然又把小眼镜分到了我们组，还有那个爱哭鬼叶小米。大家本来是要轮流驾驶飞船的，可是叶小米的胆子小，不肯驾驶，这正好遂了我们几个男生的意愿，我们都巴不得一直驾驶飞船呢，那多过瘾呀！

　　我和窦晓豆一组，小眼镜和胡聪聪一组，我们按照这个顺序两班倒。叶小米不肯驾驶飞船，她就负责给我们送食物。

你问我们知不知道怎样驾驶飞船，我们早就问过狄老师了，狄老师告诉我们飞船上有提示，只要照着做就可以了。既然狄老师都这样说了，我们也没必要担心，大家换好制服后就登上了飞船。我和窦晓豆兴奋地来到驾驶舱，这些操纵杆和按钮看起来并不复杂，可是无论我们按哪个，推哪个，飞船就是纹丝不动。

我和窦晓豆正着急的时候，操作台前的显示器传出了声音："请正确回答显示器上出现的题目，便可得到操作飞船的提示。"显示器的屏幕同时亮起来，只见上面写着："一个阿尔法星人送给这艘飞船上的人 475 个补给球，把这些补给球分成 5 等份后，拿出其中的一份平分，你们每人将得到多少补给球？"

面前突然冒出来一道题，我和窦晓豆都有点措手不及。不过，现在的我可不是过去那个畏数学如畏虎的陶小乐了。我很快平静下来，拿出笔和纸开始演算起来。先分成 5 等份，也就是 475 除以 5，得

95，然后再除以5，等于19。我急忙把写着答案的纸拿给显示器"看"。只听那个声音哈哈大笑着说："你说出答案就行，我听得见。"想不到这家伙还挺幽默的。

显示器上随即出现了操作程序的示范图像，于是我和窦晓豆开始配合着操作那些按钮和操作杆。飞船起飞了，发出了巨大的声响，我们的太空之旅终于开启了！

在冲出大气层的那一刻，我们兴奋极了。胡聪聪、小眼镜和叶小米也忍不住跑到驾驶舱，一起体验这

激动人心的时刻。不过叶小米又哭了,小眼镜连忙安慰她:"别怕,没事的。"没想到叶小米竟然抹着眼泪说:"谁害怕了?我这是高兴的!"真是个爱哭鬼,高兴还哭。

"这个小姑娘还挺可爱的。"听到我们的谈话,显示器竟然插嘴说了这么一句,逗得我们哈哈大笑,叶小米也破涕为笑了。

"飞船现在已进入平稳飞行状态,我们可以轻松一下。我来出题,你们每答对一道题,就可以为你们各自的武器增加21个能量点数。大家要玩这个游戏吗?"显示器也不甘"寂寞",又要给我们出题了。

当然要玩了,别说还有能量点数可以赢,就是没有,我们也会玩。见我们一副欢呼雀跃的样子,显示器又说:"如果答错一道题,就要扣掉25个能量点数,你们还要玩吗?"

叶小米犹豫地说:"我们还是别玩了,万一把原来的能量点数也扣没了怎么办?"

“怕什么！连答题都怕，还算什么男子汉呢！”我坚决地说。窦晓豆和胡聪聪跟我的想法一样，现在就看小眼镜的了。我本来以为这家伙肯定要犹豫呢，没想到他扶了扶眼镜，坚决地表示同意。

“好，请听题。如果一个阿尔法星人每年吃掉800个可乐果，请问70个阿尔法星人每年要吃掉多少可乐果？”

“56000个。”我们异口同声地回答。

“如果先说出答案的人答错了，即使后面的人答对了，也算你们回答错误。注意听题，我可不重复。贝塔星的46艘飞船飞往阿尔法星球，每艘飞船上有89人，一共有多少贝塔星人？”

我们急忙把题目记下来，还彼此对照着，确定没错后便开始计算起来。

就这样，我们一共玩了26次问答游戏，其中胡聪聪抢答错了3次，所以还是被扣掉了一些能量点数，但是总体来讲，我们还是赢得多。

不一样的数学
BuYiYang De ShuXue

游戏结束了，也轮到小眼镜和胡聪聪值班了，我和窦晓豆、叶小米回到各自的休息仓休息。我感到很疲倦，躺下就睡着了。

正做美梦呢，一阵急促的敲门声把我惊醒，原来是小眼镜。小眼镜学着电视里的样子，很正式地向我敬了个礼，然后对我说："陶小乐，飞船现在已经进入阿尔法星球控制区域，显示器提示我们到驾驶舱集合。"

大家迅速聚集到驾驶舱，显示器又说话了："现

在即将进入'阿尔法操作模式',需要大家共同完成一道题目,才能进入操作程序。记住,这次必须每人回答一个环节的问题。如果有人出错,将不会出现操作程序指示。"

一听这话,我们都紧张起来,特别是胡聪聪。这个爱抢答,还总是答错的家伙,能单独完成一个环节的问题吗?胡聪聪见大家都盯着他,似乎也明白大家的意思,于是他拍着胸脯保证道:"放心吧,这次我保证不出错。"

我们急忙分配答题顺序,这有点像接力比赛。小眼镜第一棒,叶小米第二棒,胡聪聪第三棒,窦晓豆第四棒,我是第五棒。

"你们准备好了吗?请听题:5000 个士兵中,有 $\frac{1}{2}$ 被派往外地,请问留下多少士兵?"

"$\frac{1}{2}$ 就是一半,留下的士兵人数是 2500。"小眼镜很镇静地回答道。

"剩下的士兵中,有500人也接到了出去执行任务的命令,那么还剩下多少人?"

"2000。"虽然声音很小,但叶小米还是马上回答出来了。

"如果剩下的2000人中,有$\frac{2}{4}$也有任务离开了,那么还剩下多少人呢?"

我们都紧盯着胡聪聪,紧张得连大气都不敢出,时间仿佛在这一瞬间凝固了。

陶小乐、胡聪聪等五人和显示器一共玩了 26 次问答游戏，其中胡聪聪抢答错了 3 次。每答对一次，他们的能量点数就提高 21 点，而每答错一次，他们就会被扣掉 25 点能量点数。你能算出他们最后赢了多少能量点数吗？

# 原来如此

计算一下 21×(26−3)−25×3，就知道答案了。

```
    2 1
  × 2 3
  -------
    6 3
  4 2
  -------
  4 8 3
```

```
    2 5
      3
  -------
    7 5
```

483 − 75 = 408

正确答案是408，你答对了吗？

是不是还有别的方法呢？

# 第九章 阿尔法星球奇遇记

　　我们都绷紧了神经盯着胡聪聪,希望他能好好地思考一下,不要答错,可是没想到他竟然不假思索地说出了"500"这个答案。完蛋啦!只见显示器上出现了一个嘴角向下的难过的表情,还不停地发出"哔哔哔"的声音。

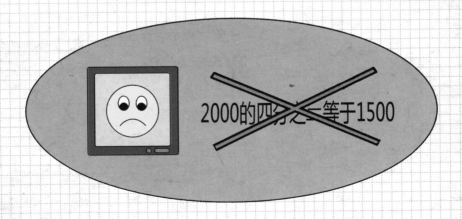

2000的四分之一等于1500

　　窦晓豆忍不住对胡聪聪发起火来:"你怎么搞的?忘了上次在森林中吃披萨的事情了?陶小乐的

$\frac{2}{4}$披萨和小眼镜的$\frac{1}{2}$披萨不都是一半披萨吗？你是不是就知道吃呀！"

胡聪聪也很委屈："$\frac{1}{2}$加$\frac{1}{2}$不就是$\frac{2}{4}$吗？"

窦晓豆更生气了："你这数学到底是怎么学的？"

叶小米在一旁急得直哭,我和小眼镜急忙劝住窦晓豆:"现在哪有吵架的时间?我们还是赶快想想办法吧。"

"还有什么补救的办法吗?"小眼镜问显示器。

"你们终于要想办法了?"没想到显示器竟然说起了风凉话。

"你别拿我们开玩笑了,快告诉我们到底该怎样补救吧!"我真的着急了。

"这次还是接力答题,你们排好顺序,等着听我

出题。"

从刚才那些题目的难易程度来看,我提议把胡聪聪排在第一位。窦晓豆坚决反对,不过小眼镜理解了我的意思,支持我的建议:"陶小乐的主意不错,即便是把胡聪聪排在最后,如果他答错了,还是无法获得操作程序的提示,所以我和胡聪聪对调位置,其他人还是按照之前的顺序。"小眼镜说完,我们一起看着胡聪聪。

"这次我一定会仔细想清楚再回答!"胡聪聪也知道自己是因为马虎才犯下刚才的错误。

"好了,别浪费时间了,准备答题。第一轮战斗中,士兵消耗掉$\frac{1}{9}$的能量点数;第二轮战斗中,士兵消耗掉$\frac{2}{9}$的能量点数;士兵在两轮战斗中共消耗掉多少能量点数?"

我心中暗自高兴起来,这道题和上次在森林里吃披萨的时候,胡聪聪和窦晓豆获得的披萨数量一样,这次胡聪聪肯定能答上来了。

果然,胡聪聪停顿了一下,然后答出了"$\frac{3}{9}$"。我

们都高兴得跳起来。

"你们别高兴得太早,还有四道题呢。请问士兵

要把能量补满,还需要多少能量点数?"

经过刚刚胡聪聪答错题的事件,叶小米也格外

小心起来,只见她皱着眉头,紧咬下唇,大眼睛忽

闪忽闪的,像是在心中反复计算的样子。最终,她慎

重地说出了"$\frac{6}{9}$"。我们终于松了一口气。

"巴夏收获了59.8千克可乐果,分给夏巴22.5

千克,巴夏还剩下多少千克可乐果?"

小眼镜扶了扶眼镜,冷静地说:"37.3千克"。

"巴夏的身高是1.87米,夏巴比巴夏高12厘米,

夏巴的身高是多少?"

这次轮到窦晓豆了,只见他眉头紧锁,我也替

他捏了一把汗。"1.99米。"窦晓豆大声说。我紧紧攥

着的拳头终于松开了,心中忽然冒出了一个奇怪的念头:这个巴夏和夏巴还真高呢!

"现在是最后一题,也是决定你们这次补救答题是否成功的关键时刻,你准备好了吗?"

"准备好了。"

"用分数说出夏巴比巴夏高多少米?"

"12厘米是0.12米,用分数表示就是$\frac{12}{100}$米。"我不假思索地脱口而出。

在大家的共同努力下,我们终于获得了新的操作提示,最终顺利地在阿尔法星球着陆了。我们兴奋地跳下飞船,有好多相貌奇怪的人朝我们欢呼,仔细一看,站在最前面的两个人正是上次在神奇大厦问过我们问题的人。

"欢迎你们来到阿尔法星球,我叫巴夏,他叫夏巴。"

原来他们就是巴夏和夏巴呀。

"看,那就是我们阿尔法星球的总指挥部,让我带你们一起去参观吧。"夏巴说。

"太好了!"我们都很高兴,"狄老师和同学们还没

到吗?"我问夏巴。

"狄老师已经带着其他同学先去参观了。"

这里的一切看起来都和地球上完全不同,到

处都是新鲜的事物,不仅样子奇特,就连建筑也很

怪异。比如现在矗立在我们眼前的这个魔方式的

建筑,它可不是平面着地,而是仅凭一个小小的尖

角立在地面上。这样的建筑能稳固吗?我不禁怀

疑起来。

夏巴看出我们对这个魔方式的建筑很感兴趣,

就给我们讲起来:"这是我们阿尔法星球的智慧魔方

大厦,里面保存着整个星球的重要文献和资料,是阿

尔法星球最重要的地方。"

"它只靠一个尖角立在地面上,不会倾斜吗?"我

好奇地问。

"你们别看它只靠一个尖角支撑,其实在地下有

着很庞大的根基。你们都见过沙漏吧？沙漏的中间很细，但上下都很大。这个魔方式的建筑下面，比露出地表的部分要大得多。"

"哦，我明白了。这就好像是把沙漏的一半埋在土里，从地表看，就好像是中间最细的部位支撑着沙漏的上半部似的。"我兴奋地把自己对这个魔方式建筑的理解一口气说了出来。

"嗯，你说得非常对。"夏巴赞许地看着我说，"看来你们的数学都不错，那你们能帮我解答一个问题吗？"

"当然可以。"我们高兴地说。

"我有一块长 40 米，宽 15 米的长方形可乐果园，巴夏有一块边长 25 米的正方形可乐果园。在建造这个果园的时候，我用的围栏材料比巴夏用得多，所以应该是我的果园更大一些，可是巴夏却说是他的果园更大……"

夏巴的话还没有说完，巴夏就忍不住开口道："才不是呢，我的正方形果园就是比你的长方形果园大！"

　　我们都没有料到这对兄弟竟然为了果园的大小问题而争吵不休,胡聪聪急忙上前把他们拉开。

　　"到底谁的果园面积大,我们来算一算不就知道了吗?"窦晓豆的一句话总算是让他们两兄弟停止了争吵。

夏巴有一块长 40 米, 宽 15 米的长方形可乐果园, 巴夏有一块边长 25 米的正方形可乐果园。在建造这个果园的时候, 夏巴用的围栏材料比巴夏用得多, 所以他的果园应该更大一些, 兄弟俩为了果园大小的问题争吵不休。你能帮助他们算清楚, 到底谁的果园面积更大一些吗?

# 原来如此

这道题真是太简单了！

S = 600 米²   15 米

40 米

40x15=600 米²

S = 625 米²  25 米

25 米

25 x 25 = 625 米²

当然是巴夏的正方形可乐果园面积更大一些喽！

# 第十章 拯救银河系（上）
## ——遭遇袭击

我们帮助夏巴和巴夏解决完果园的问题后，就一起来到了阿尔法星球的总指挥部。在那里，我们见到了狄老师，便兴奋地把一路上的经历讲给他听。当我们说到胡聪聪答错题，使我们遇到大麻烦时，胡聪聪急忙阻止我们，可是说到兴奋处的我们哪里控制得住，特别是窦晓豆，干脆停不下来。胡聪聪的脸涨得通红，站在一旁不好意思地挠着头。

夏巴已经为我们安排好了下一个参观项目，也就是总指挥部的分析处。这里有好多巨大的屏幕，许多阿尔法星人在这里忙碌地分析着接收到的各种数据和信息。

我们正参观着，忽然注意到分析处的人似乎接收到了什么不好的消息，气氛突然变得有些紧张。正在我们胡乱猜测之时,整个大厦响起了警报声,夏巴急忙跑过去看究竟发生了什么事。不一会儿,夏巴又急急忙忙地跑回来,大声说:"贝塔星球发来消息,他们那里有一伙叛逃的坏人,准备秘密潜入智慧魔方大厦,偷盗一份有关阿尔法星球和贝塔星球之间合作的资料。没想到这些家伙的动作太快了,我们才刚收到消息,智慧魔方大厦的警报就响了,他们已经偷走了这份合作资料!"

"我们能帮什么忙吗?"狄老师问夏巴。

"这个……"夏巴的表情有些为难,"其实那些贝塔星球的叛徒雇佣了一群宇宙中四处流窜的浪人,这些浪人非常强悍,身上还会释放出让我们阿尔法星人无法抵抗的病毒,所以我们的人很难靠近这些浪人。不过,来自地球的人对他们释放的病毒是有免疫力的,不仅有免疫力,还具有让这些宇宙浪人能量降低的能力。可是你的学生都是小孩子,我们实在不忍心让他们去冒险!"

"没关系,我们不害怕,就让我们帮助你们吧!"还没等狄老师回答,同学们就已经答应下来。

"好,那我们就帮助阿尔法星球人夺回被抢走的重要资料,不过虽然你们都具有免疫力,但还是要格外小心!"

同学们还是按照原来的分组参加战斗,但要统一听从狄老师的指挥。按照狄老师的安排,我、窦晓豆、小眼镜、胡聪聪,还有叶小米一起潜入到一些宇宙浪人的背后,准备对他们发起偷袭。

我没想到竟然有这么多宇宙浪人!他们还排成

了一个个方阵,我悄悄地数了一下,一共有 5 个方阵,每个方阵有 8 行,每行有 10 个浪人,这到底有多少个宇宙浪人呢?

情况紧急,我没有时间细算到底有多少宇宙浪人,不过因为他们正好是 5 个方阵,我们也正好有 5 个人,就决定一个人对付一个方阵。这时,我忽然很庆幸我们在飞船上玩了那个可以补充能量点数的游戏,正是那个游戏为我们补充了很多能量,可以用在这次战斗中。

因为人类对宇宙浪人释放的病毒具有天生的免疫力,所以我们毫不犹豫地冲到敌人附近,开始对敌人发起进攻。虽然我们释放出的能量降低了宇宙浪人的能量,但他们毕竟人数众多,想彻底消灭,并不是一件容易的事情。

一番激战之后,我发现必须消耗 6 个能量点数,才能彻底击倒一个宇宙浪人。如果我一口气将我这边的宇宙浪人全部击倒,需要消耗多少能量点数呢?

正在这时，叶小米发出了呼救声，我顾不得多想，急忙冲了过去。只见叶小米的周围躺着一些宇宙浪人，可是还有一些敌人正朝着叶小米步步紧逼！我举起枪，不断地朝距离叶小米最近的那个宇宙浪人发射，终于把他打倒了。可是为什么我觉得叶小米对付的这些宇宙浪人，比我刚才对付的要厉害呢？

这时耳机里传来狄老师的声音："大家注意，争取速战速决！纠缠的时间越久，宇宙浪人就会适应你们对他们发出消耗能量的能力！"

原来是这么回事。因为叶小米的战斗时间拖得长了些，反而让这些宇宙浪人适应了我们的攻击，他们消耗能量的速度也越来越慢了。尽管我和叶小米不断地射击，丝毫不敢怠慢，但还是有几个格外厉害的宇宙浪人表现得非常顽固。

紧急时刻，小眼镜和窦晓豆及时赶过来，我们四个人的力量合在一起，那几个顽固的宇宙浪人明显衰弱下去，我们最终合力消灭了叶小米对付的那些敌人。

　　胡聪聪呢?发现胡聪聪还没有过来,我们猜测他那边的战斗应该还在继续。果然,在我们四人赶过去的时候,胡聪聪正被三个身材格外高大的宇宙浪人纠缠着。我们冲过去,共同朝那三个宇宙浪人射击,最终把胡聪聪这里的敌人也消灭光了。

　　我们在战场上仔细地检查了一番,并没有发现装有资料的保险箱。这时耳机里又传来狄老师的声音:"现在已经发现携带资料的宇宙浪人的踪迹,请结束战斗的人员立刻返回,根据指示追击!"

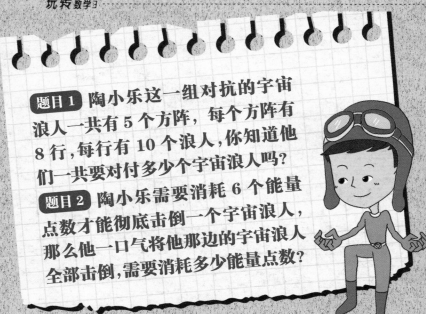

**题目1** 陶小乐这一组对抗的宇宙浪人一共有 5 个方阵，每个方阵有 8 行，每行有 10 个浪人，你知道他们一共要对付多少个宇宙浪人吗?

**题目2** 陶小乐需要消耗 6 个能量点数才能彻底击倒一个宇宙浪人，那么他一口气将他那边的宇宙浪人全部击倒，需要消耗多少能量点数?

# 原来如此

## 题目1

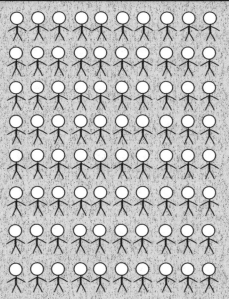

到底有多少人？难道宇宙浪人比地球人还多？

5X8X10=400(人)

## 题目2

10X8X6=480(个)

# 第十一章 拯救银河系（下）
## ——夺回保险箱

当我们五人返回狄老师身边时，其他同学仍然在战斗。看来这次夺回资料的战斗，必须由我们五个来完成了。

"不用着急，你们先去补足能量点数，然后按照这张操作说明解码各自的飞船。"狄老师一边说，一边递给我们每人一张操作说明。

这次我们需要独自驾驶飞船，可是叶小米怎么办？我们四个男生看了看胆小的叶小米，又看了看一脸镇定的狄老师。

"你们放心，叶小米留下来和我一起负责给你们分析资料。"

我们四个男生立刻补足了能量点数，然后登上各自的飞船。这个飞船和我们之前乘坐的大飞船有所不同，它没有声音提示，我们必须按照狄老师给的操作说明才能启动飞船。

我小心翼翼地打开操作说明，只见第一行写着：请在操作台的键盘上输入启动密码，密码为835除以5的商，加89乘以46的积之和。

我拿出笔飞快地计算起来，然后在键盘上输入了4261，飞船开始启动。有过驾驶大飞船的经验，对于眼前的这些操纵杆和按钮，我已经不再感到陌生了。

我按照狄老师的指令飞到了指定的降落地点，可是当我按下降落按钮后，飞船却并没有降落，而是悬浮在空中，并且开始快速地旋转起来。我忽然想起了那张操作说明，于是急忙打开看，只是这时飞船的旋转速度更快了，如果再这样加速旋转下去，我根本没有办法进行正常的操作和思考。

我的心情紧张起来，如果这时候来一道大数字的问题，我连笔都握不稳了，还怎么计算呢？可是当我看到纸上写着降落密码是 9446 减 6449 时，我觉得自己真是太幸运了，这正是翠鸟教我的逆序数相减。别看数字大，有了翠鸟教我的秘诀，即使不用纸和笔，我也能轻松地计算出来。我先用 9 减 6，然后用得出的 3 乘以 999，就得出了正确答案：2997。这么有趣的计算方法，我已经玩过好多次了，而且我还给窦晓豆和胡聪聪讲过，但愿他们也掌握了这种简单的计算方法，否则如果他们遇到这样的问题，还真是麻烦呢。

我和小眼镜的飞船几乎同时着陆，胡聪聪和窦晓豆的飞船则紧随其后。果然，这两人驾驶的飞船也在空中旋转起来，还好在它们的旋转速度难以控制之前，都恢复了正常状态，也顺利着陆了。

窦晓豆和胡聪聪从飞船里跳下来，看到我就扑了过来。"陶小乐，多亏你告诉我那个解题方法，否则我就真的被转晕了！"他们俩难掩心中的喜悦，竟然感谢起我来。

"先别忙着谢我了,我们按照狄老师的计划开始行动吧。"我对他们说。

"陶小乐,如果我们一起行动,恐怕又要进行一场混战,而且宇宙浪人也会有所防备,这样想找到装资料的保险箱就更难了。不如这样,我们三人先去吸引他们的注意力,你偷偷地溜进他们的营地,设法找到保险箱。"没想到小眼镜不仅数学好,关键时刻还挺有办法的。我们都觉得这个主意不错,于是在靠近敌人的营地后,我先隐藏起来,由他们冲出去吸引宇宙浪人的注意力。

看到他们已经成功地引起了几个宇宙浪人的注意,我悄悄地绕到宇宙浪人的后方,溜进了他们的营地。

保险箱到底藏在哪里呢?我又想起了狄老师给我的操作说明,于是再次打开,仔细地看了看。在操作说明上有这样一行字:从东边的第三个帐篷向西走过五个帐篷,再向南走过四个帐篷,如果看到一个顶端有个圆球的帐篷,保险箱就在那里。

我按照操作说明找到了那个顶端有个圆球的帐篷,并悄悄地靠近。在我确定没被宇宙浪人发现后,才悄悄地溜进去。遗憾的是这里并没有什么保险箱,只有一个非常大的保险柜。那么保险柜的密码是什么呢?

操作说明上并没有提到保险柜的密码,只有三组没有标题的题目。第一道题是:5894 减去 5822,再除以 8,再乘以 3。第二道题是:85 乘以 64,再减 440,再除以 5。第三道题是:6.7 加 $\dfrac{3}{10}$,再乘以 21,再除以 7,再乘以 9。

说实话,这三道题并不难,可是究竟哪一个才是保险柜的密码呢?

我只好把题目全部算出来,先输入第一个结果"27",错误!又输入了第二个结果"1000",错误!继续输入"189",竟然还是错误!这时,我听到外面有

说话的声音，心里猜测着是不是小眼镜他们三个已经快顶不住了，那些宇宙浪人已经不把他们放在眼里，陆续回来了呢？

正当我着急之时，忽然发现在这三道题的下面还有一行非常小、非常浅的字：将结果相加。如果不仔细看，这几个字根本看不出来。

27加1000加189等于1216，我急忙输入了"1216"，保险柜的门一下子打开了。果然，在保险柜里还放着一个小保险箱。我提起保险箱就跑，迎面

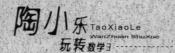

正好遇见三个宇宙浪人。我瞄准一个连续射击，那家伙应声倒地。因为有保险箱在手，我不能恋战。这时胡聪聪、窦晓豆、小眼镜也赶了过来，大家一起掩护我撤退到飞船前。

我们跳上各自的飞船准备起飞，可是那些宇宙浪人却把我们团团包围起来。再看我的飞船启动密码提示：如果同时有504个宇宙浪人出现，而你们共有8人，平均每人要对付多少个宇宙浪人？

这还真是一道简单的题目呀！我的飞船在输入

密码后立刻启动了,可是胡聪聪的飞船却迟迟没有起飞,他一定是遇到麻烦了。为了给胡聪聪争取计算时间,我们的飞船开始向那些包围过来的宇宙浪人射击。

奇怪的是这些宇宙浪人好像有分身术似的,每次被我们击中,就会从一个变成两个。眼看着敌人越来越多,我的心里越发着急起来:这个胡聪聪到底在干什么!终于,胡聪聪的飞船启动了,我总算舒了一口气。

如果包围陶小乐的宇宙浪人共有 160 个，这些宇宙浪人每被击中一次，就会从一个变成两个。那么在击中几次之后，他们就超过 1500 个了呢？

# 原来如此

这道题好像有点麻烦，不过你可以这样来计算：

160 X 2

一次

320 X 2

二次

640 X 2

三次

1280 X 2

四次

2560>1500

宇宙浪人的增长速度好快呀！

119

# 第十二章 女生的梦想世界

　　我们成功地帮助阿尔法星球夺回了被宇宙浪人偷走的资料,回到了狄老师身边。狄老师听完我们讲述的宇宙浪人一分为二的事情后,平静地说:"不要紧,那只不过是敌人制造出来的幻象。只要拿回了这些资料,阿尔法星球就有办法对付那些坏家伙了。"

　　这时,夏巴和巴夏也走了过来,对我们说:"你们的表现实在是太出色了! 等我们彻底击退了敌人,阿尔法星球一定会为你们举办盛大的庆功宴! 现在你们可以好好地休息一下,剩下的事情我们都已经安排好了。"

　　前方很快传来了敌人被打败的消息,阿尔法星球为我们举办了令人难忘的庆功宴会。

这里的宴会厅好大好大，长长的桌子上摆满了各种食物和饮料，我们可以随便吃。不过这里的食物都是我们从来没有见过的，而且和地球上的食物有很大区别。比如巴夏和夏巴种植的可乐果，虽然味道像水果一样酸甜可口，但是吃起来的口感特别像蛋糕，简直美味极了。

这里也有一些味道奇特的食物。当我看到一个小盘里盛放着淡绿色的冰糕时，还以为是抹茶口味的，结果端起来尝了一下，顿时，一股奇怪的、刺激性的味道从嘴里喷涌到鼻腔，一直冲向大脑。

身旁的窦晓豆看了看我，吃惊地问："陶小乐，你的脸怎么变绿了？"

胡聪聪也转过头来，当他看到我的脸时，正嚼着的点心从张大的嘴巴里掉了出来。

夏巴正好经过我们身边，他笑着问我："我们这个大厅长 98 米，宽 89 米，你只要说出这个大厅的面积就没事了。"

还有这么奇怪的事？我急忙算起来，当我说出"8722平方米"后，顿时觉得神清气爽，感觉比吃了很多好吃的点心、喝了很多好喝的饮料都舒服，不，应该说好吃好喝跟这种感觉根本就没法相提并论！

夏巴解释道："陶小乐，你中了大奖了！这道甜品是我们这里大厨的秘密食谱，只有在非常重要的宴会上才会做，而且只做一道。这道甜品的名字就叫——数学开窍冰点！"

哎呀，什么数学开窍冰点呀，刚刚那滋味可真是太难受了。听到夏巴这么说，窦晓豆也好奇地凑过来，可是他只是闻了一下，就捏着鼻子要跑。我就知道他不敢吃，可我还是故意往他面前递，胡聪聪也故意使劲地把他往我这边拉。周围的人都被我们逗得哈哈大笑。

大家已经吃饱喝足，剩下的自然就是玩了。狄老师有事去了阿尔法星球总指挥部，夏巴和巴夏负责带着我们这些孩子玩耍。

巴夏说："我们这里有个特别好玩的地方，可以实现你们心中的梦想，你们要不要去？"

"当然要去了！"我们高兴得不得了。

"那你们有什么心愿呢？"

简彤毫不客气地说："我想购物，买好多好多的新衣服。"

"大小姐，你没事吧？这算什么梦想呢！"我不屑地对她说。

"这就是一个游戏，再说了，哪个女孩子不喜欢购物？现在的我们还小呢，怎么可能有随心所欲购物的机会呢，这只是我在现实中无法完成的梦想。"

"就是。"没想到叶小米也在一旁小声地附和着，看来女孩子都是天生的购物狂。

"好吧，好吧，既然你们想购物，那你们就去吧。我们要痛痛快快地玩一通！"我和窦晓豆、胡聪聪一拍即合，当然，所有男生也都跟我们的想法一样。

这时候，只见夏巴掏出很多钱，分给那些想去模拟商场的同学，可是胡聪聪立刻表示自己也想看看阿尔法星球的模拟商场是个什么样子。

虽然这只是一个模拟游戏，但是我们几个确实也很好奇那里究竟是什么样子，反正看一下就走，也浪费不了多少时间。

没想到这个模拟商场还真奢华，女生们一进去就高兴得快要飞起来了。简彤拉着叶小米跑到了童装部，在那里试穿衣服，不停地照镜子。我们这些男生想去看看玩具，可是刚要离开就被简彤叫住了。这丫头叫住我们，肯定没什么好事。

我果然没有猜错，简彤笑眯眯地对我们说："这

个游戏是完成我们女生的梦想,不过也需要你们男生帮忙。"

"为什么需要我们帮忙?"窦晓豆问道。

"这还用说?漂亮的女生购物后,哪有自己提着大包小包的?你们男生就要充当为女生提东西的绅士。"

我们无奈地看了看夏巴和巴夏,希望他们能替我们说句公道话,谁想到他们竟然笑眯眯地在旁边帮腔："嗯，男孩子就应该有绅士风度，帮助女生是天经地义的。"

唉，如果我们不来这个模拟商场该多好啊！

我们这些男生可是见识到女生购物的厉害了，她们真是见什么买什么。到了结账的时候，一大堆东西摆在收银台上，我们几个男生光是看着都觉得晕了。

"这么多东西，你们要自己算出钱数。"收银员说道。

我心里想：这个阿尔法星球上的人是真的不会数学呢，还是狄老师派来考我们的呢？

计算金额的时候我们才发现，原来有些商品的标价并不是直接写出来的。我们只好先整理了一下，简彤买了一件连衣裙是 59.8 元，帽子是 15 元，蝴蝶结是 5.2 元，还有两双鞋子，其中一双标价是帽子的 12 倍，另一双标价是帽子的 14 倍。到了叶小米这里，她买的一副手套上的标价竟然显示是简彤的连

衣裙、帽子、蝴蝶结总钱数的 $\frac{1}{4}$。叶小米买的一件外

衣的标价是简彤那顶帽子的 4 倍。

这些东西到底是多少钱呢？

简彤倒是挺大方，掏出 600 元递过去，然后斜

着眼笑眯眯地看着我们说："绅士们，你们说收银员

该找我多少钱呢？"

　　这丫头摆明了是在故意为难我们，不仅让我们提东西，还要我们在这里费脑筋。不过最后，我们还是算清了总价。我们提着女生们的"战利品"，跟在简彤和叶小米身后，看着两个女生在前面有说有笑。

在这次模拟购物中，简彤花掉了多少钱？叶小米花掉了多少钱？她们一共花掉了多少钱？简彤递给收银员 600 元后，收银员应该找给她多少钱呢？

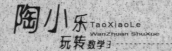

# 原来如此

## 简彤的购物单：

 59.8元

 15元

 5.2元

 X12

 X14

59.8+15+5.2+15X12+15X14=470(元)

## 叶小米的购物单：

 (🦺+🎩+🎀)X $\frac{1}{4}$

 X4

(59.8+15+5.2)X $\frac{1}{4}$ +15X4=80(元)

470+80=550(元)   600-550=50(元)

# 第十三章 男生大PK

陪着女生们一通疯狂购物之后,我们男生终于可以解放了,可以尽情地玩属于我们自己的梦想游戏了。

虽然我的梦想多到数也数不清,可是毕竟时间有限,不能在阿尔法星球耽搁太久,所以我想来想去,选择做一名赛车手。我并没有选择汽车,而是选择了摩托车。我连飞船都开过了,汽车自然也就没什么吸引力了。可是摩托车就不同了,它只有两个轮子,转弯时身体会有倾斜到地面的感觉,想想就觉得很刺激。

好多男生听了我对摩托车赛车手的描述后,竟然都表示也想参与这个梦想游戏。看到我们都对摩托车这么感兴趣,夏巴和巴夏提议说:"你们可以来一场摩托车比赛，看看谁能更快地掌握游戏中骑摩托车的技巧。"

这真是个好提议，男生对这种刺激的事情总是感到很兴奋。可是让我万万没有想到的是，小眼镜竟然也要参加摩托车比赛，而且提出要和我比试一下。男孩子就是充满了斗志，不管看起来多么斯文，骨子里都有男子汉的热血沸腾的冲劲。戴上模拟机的接收器后，我和小眼镜穿过一个通道就进入了机房。在我们面前有一个环形的赛道，还有两辆崭新的摩托车。

我和小眼镜兴奋地冲到各自的摩托车前,它看起来可真酷呀!此时耳机中传来了夏巴的声音:"陶小乐、戴志舒两位同学,你们是否做好了比赛准备?"

　　我们抑制住内心的喜悦和兴奋,快速骑上摩托车,对夏巴说:"准备好了!"

　　夏巴一声令下,两辆摩托车就像箭一样冲了出去。在这样高级的赛道上比赛,还真是过瘾呢!我正这样想着,突然前面出现了一个右转弯,我控制着摩托车车身向右侧倾斜,顺利地滑了过去。刚过了这个拐弯,又出现了一个更急的左转弯。我急忙将摩托车调整成向左侧倾斜的状态,再次顺利地滑了过去。小眼镜也丝毫不含糊,紧紧地跟在我身后,想甩掉他还真不容易。

　　在我骑得正过瘾的时候,原本宽阔的赛道竟然越来越狭窄,路面上还出现了很多路障,道路两边全是木桩和碎石。幸亏我和小眼镜及时刹车,否则后果不堪设想。

　　"注意！注意！这里是危险地带，要解除危险就必须回答出下面的问题。你们看到这些路障了吗？位于道路左侧的路障有 387 个，中间的路障是左侧的两倍，右侧的路障比中间的路障少 207 个，请问这里一共有多少个路障？"

　　这是关系到我们两个人比赛的事情，当然需要我们齐心协力把它算出来了。在我们同时说出"1728"这个数字之后，那些路障一下子少了很多。

　　"现在剩下的路障是原来的一半的一半的一半，你们知道现在还有多少路障吗？"

这还真是有点麻烦,不过我们还是说出了"216"这个数字。终于,所有的路障都消失了,现在只剩下路边的木桩了。

"你们看到路边这些参差不齐的木桩了吧?其中高于 50 厘米的木桩有 624 根,是低于 50 厘米的木桩的 6 倍,请问低于 50 厘米的木桩有多少根?两种高度的木桩一共有多少根?"

"这道题是先除后加吧?"我对小眼镜说。

小眼镜肯定地点了点头:"对,用 624 除以 6,就得出了低于 50 厘米的木桩的数量,再加上 624,就得出了所有木桩的总数了。"

功夫不负有心人,在我和小眼镜的共同努力下,路边的木桩也全部消失了,道路又恢复了宽敞和通畅。我们再次骑上摩托车开始比赛,最后几乎是同时冲过终点线。不过根据夏巴的计时器上显示的数字,我竟然比小眼镜快了仅仅 0.01 秒!这样微小的差距,用肉眼根本就看不出来。

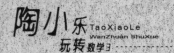

原本我还想和窦晓豆、胡聪聪再比试几次，可是夏巴却为我们展示了各自比赛的具体用时，我竟然排在第一名。哈哈，真是太开心了。

夏巴和巴夏又带我们来到了海边的游乐场。这里有好多游乐设施，其中一种好像是充气救生艇似的小船，能够在海里一直旋转，随着海浪上上下下，带给人冲浪的感觉。这个小艇看起来简单，实际上并不好驾驶，我和窦晓豆、胡聪聪坐在里面，很难在颠簸的浪尖上保持平衡。如果不是我们死死地抓住

小艇,有好几次都差点被掀到海里呢。

正在紧张时刻,又来了一个超级大浪。我们的小艇眼看就要被大浪吞没了,只见那个大浪瞬间变成了一张人脸,对我们咆哮道:"我和我的兄弟之间隔着3个大浪,所有大浪之间的距离都是2千米,我和我的兄弟之间距离多少千米呢?"

在我们的小艇被大浪卷上顶端,窦晓豆、胡聪聪吓得尖叫之时,我急中生智地说出了答案,没想到它竟然平稳地停住了,身下的大浪发出了爽朗的笑声。我们在大浪的托举下,看到了周围嬉戏的同学们,也看到了正在向我们挥手的狄老师。在夕阳的映照下,大海是如此美丽,狄老师是如此帅气。我真心希望能一直和狄老师在一起,和他在各种有趣的冒险中不断成长。

大浪和它的兄弟之间隔着 3 个浪，所有大浪之间的距离都是 2 千米，它和它的兄弟之间距离多少千米呢？

# 原来如此

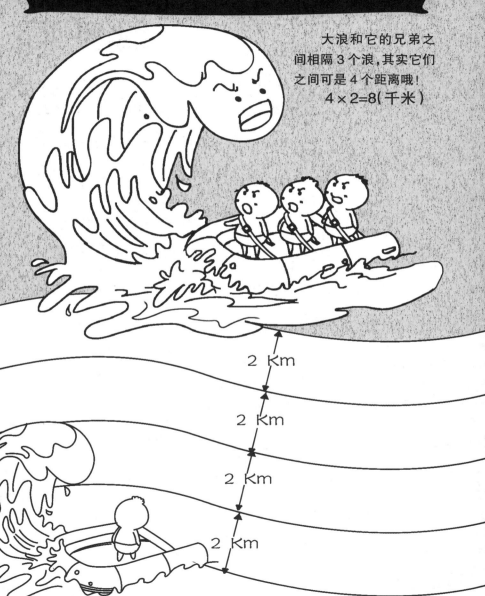

大浪和它的兄弟之间相隔 3 个浪，其实它们之间可是 4 个距离哦！

4×2=8(千米)

# 第十四章 魔术小子的童年趣事

学校已经放暑假了,再开学我就是四年级的学生了。现在的我可不是一、二年级时的样子了,从三年级开学,狄老师成为我们的数学老师后,我变得越来越喜欢数学,当然也就越来越喜欢学校了,我真盼着学校早一点开学呢。

还记得临近放假的时候,我对狄老师依依不舍,不仅是我,所有同学都围着狄老师。大家都觉得这么长时间看不到狄老师,这个假期简直太漫长了。

狄老师当然明白我们的心情,于是他和我们约定,如果没有特殊情况,我们可以每十天见一次面,他会领我们做游戏。对于我们这些喜欢游戏、冒险的孩子来说,这无疑是天大的喜讯,我们立刻高兴起来。

今天就是我们和狄老师约好见面的日子,我早早地起床了。虽然我很想让自己看起来平静一些,但还是忍不住一边换衣服,一边哼着歌。

"陶陶,你是要去见狄老师吧?"妈妈笑眯眯地问我。

"妈妈,你这是明知故问。"我的行踪,爸爸妈妈一向了如指掌。

看到狄老师的那一刻,同学们都格外兴奋,大家热情地向狄老师问好。等大家都平静下来,狄老师微笑着问:"你们今天想玩点什么有意思的游戏呢?"

"跟狄老师在一起,玩什么都有意思。"

"狄老师说玩什么,我们就玩什么。"

"狄老师,我想知道你像我们这么大的时候,是不是就非常了不起了?"没想到平时总是一本正经的小眼镜,提出的问题竟然和我不谋而合。其实我也很好奇狄老师小时候的事情,只是平时总没机会问。

　　"你们想知道吗？"狄老师环视着大家，微笑着问道。

　　"当然想知道了。""太想知道了。""非常想知道。"同学们又是一阵七嘴八舌。

　　"其实我小时候就是一个很普通的小男孩，不仅很顽皮，而且也和你们中的一些人一样，特别讨厌数学。"

"不会吧？""怎么可能？"同学们疑惑不解。

"那你是怎样成为会变魔法的数学老师的呢？"这句话当然是最渴望了解狄老师的我问的。

"你们可以看看这个时空记录本。"狄老师的手朝空中一挥，一个精美的笔记本出现在他手中。狄老师又把笔记本晃了晃，笔记本瞬间变大，还浮在了半空，随后就开始自动翻页了。最神奇的是那里面并不是字，而是一个个动态的画面，还能听到说话的声音。

同学们都屏住呼吸，认真地盯着那个笔记本。"这是我们学校。"有同学惊叫起来。

"还真是我们学校。"

"嘘，别吵，好好看。"

上课铃响了，一个看上去和我们差不多大的男孩匆忙跑进教室。还没等他坐下，老师就走进了教室。

"狄科，你怎么又迟到了？"老师严厉地问。

狄科？这不是狄老师的名字吗？再仔细看这个小

男孩,还真是狄老师的模样。

老师开始上课了,这是一节数学课。当老师转身在黑板上写字的时候,小狄科掏出一把水枪,朝着这个同学瞄一瞄,又朝着那个同学瞄一瞄。看到老师要转过身来,他立刻把水枪藏起来,假装认真听课的样子。就这样反复了好几次,他的小动作吸引了同学们的注意力,有人忍不住笑起来。小狄科的小动作就这样被老师发现了。

"狄科,你手里拿的是什么?"老师严厉地质问着小狄科。

"没什么呀……"小狄科把手放在书桌下，好像是在藏水枪的样子。

"把手举起来！"老师生气地大声说道。

只见小狄科把右手高高地举了起来，手里确实什么都没有。

"把另一只手也举起来！"老师更生气了。

小狄科又把左手举了起来，手里还是什么都没有。可是他的样子就像做投降的动作，脸上还一副委屈的表情，把所有同学都逗得哈哈大笑。

老师气得满脸通红，大声呵斥道："狄科，去走廊站着！"

小狄科立刻满脸委屈地走出了教室，就在背对老师的时候，他的表情却换成了调皮的鬼脸。想不到狄老师小时候竟然这么调皮。

小狄科在走廊站了不到两分钟，就焦躁不安起来。他左右看了看，见走廊上没人，就悄悄地溜到楼梯附近,再左右瞧了瞧,干脆顺着楼梯扶手滑了下去,然后就一溜烟地跑出了教学楼,随后又跑到了学校的围墙边,敏捷地翻墙出了学校。

"狄老师好厉害,简直就是武林高手。"有些男生忍不住议论起来。

离开学校的小狄科仿佛出笼的小鸟一般,蹦蹦跳跳,看起来高兴极了。这时候,我们看到那个画面里,在小狄科的身后有一个白胡子老爷爷一直跟着他。起初,我们都认为那个老爷爷只不过是一个路人,可是后来发现,不管小狄科往哪个方向走,老爷爷始终跟在他身后。我们不由得紧张起来,生怕小狄科被坏人盯上。

小狄科好像丝毫没有注意到有人在跟踪他,只是自顾自地走着,偶尔还会停下来望一望天空。走着走着,小狄科忽然转身,向着老爷爷的方向迅速跑去。

"老爷爷,您是不是找我有什么事呀?"原来聪明

的小狄科早就发现有人跟踪他了。

老爷爷捋着胡子,上下打量着小狄科,微笑着说:"小朋友,我是看着你从学校翻墙出来的,现在是上课时间,你要去哪儿呀?"

小狄科皱了皱眉,一脸嫌弃地说:"就是一堂数学课,更何况是老师让我到教室外面罚站的。"

"那是因为你在课堂上淘气,把老师气坏了吧?"

"我淘气?反正是一节讨厌的数学课,也不知道学数学有什么用……"

"哦?你觉得学数学没用?那你将来想干什么呢?"

"我将来想当魔术师。"一提到魔术师,小狄科的眼睛里立刻放出了光芒。

"哈哈哈,看来你现在已经掌握了一些魔术技巧喽?"

"那当然!刚刚我就当着全班同学的面,把水枪变没了。"小狄科得意洋洋地说。

"哦?本事不小呀。我也会变一点小魔术,不如我们切磋切磋?"

"真的? 那您会变什么魔术呢?"

"嗯,这个……我能算出你今年几岁,是几月份出生的。"

"我不信! 那您说说我多大了?"

"这样吧,只要你用自己的年龄乘以5,再加上6,然后再乘以20,再加上你出生的月份,最后再减去365。只要你把得出的数字说出来,我就能准确地说出你的年龄和出生月份。"

"啊?还要先做数学题呀。"小狄科的脸上露出了为难的表情,"为了切磋魔术,我就算算吧。"于是小狄科蹲下来,捡起一块小石头,在地上写写画画起来。过了好一会儿,小狄科才站起身,一边跺着发麻的双脚,一边说出了"765"这个数字。

老爷爷立刻说道:"看来你今年10岁了,而且出生在10月份。"

"您是瞎猜的吧?"小狄科还是很不服气。

"看来你还是不信。我不仅能算出你的年龄,你的出生月份,我还能算出你家里有几口人,有几个男的,几个女的。"

"这有什么难的,现在大多数家庭不都是爸爸妈妈和一个孩子吗!"

"你还真是个小机灵鬼。既然你这样认为,那么你也可以变通一下,把爷爷奶奶和姥姥姥爷家的成员随意组合成一家人,然后把这个总人数乘以2,再加上3,再乘以5,再加上家里男性成员的人数。只要你把算好的人数告诉我,我就能知道你组成的这个家庭有多少人,有几个男的,几个女的。"

小狄科再次蹲在地上,开始写写画画起来。这一次,他很快就站起身,说出了"68"这个数字,而老爷爷则立刻回答说:"你家里有 5 口人,3 个男的,2 个女的。"

"老爷爷,您真是神机妙算啊!"小狄科瞪大了双眼,一脸佩服地看着老爷爷。

"孩子,其实这并不难,这只是很简单的数学问题。"

看到这里,狄老师将那个浮在空中的笔记本收起来,说道:"从那以后,我就不只迷恋魔术,也开始热爱数学了。"

**题目 1** 小狄科用自己的年龄乘以 5，再加上 6，然后再乘以 20，再加上自己的出生月份，最后再减去 365，得出了 765 这个数字。而老爷爷根据 765 这个数字，说出了小狄科的准确年龄和出生月份。这到底是怎么回事呢？

**题目 2** 小狄科用家庭成员人数乘以 2，再加上 3，再乘以 5，再加上家里男性成员的人数。老爷爷根据这个人数就算出小狄科家有多少人，有几个男的，几个女的。这是怎么回事呢？

# 原来如此

## 题目1

列式是这样的：(年龄×5+6)×20+出生月份−365。只要用这个计算结果加上245，得出的数字百位以上就是年龄数，十位和个位就是出生的月份。

我们可以用小狄科的年龄做个例子。假设小狄科的年龄是10岁，出生月份是10月，那么列式为(10×5+6)×20+10−365=765，也就是小狄科告诉老爷爷的那个数字。而老爷爷就用765再加上245，得出1010，所以老爷爷就算出了小狄科是10岁，10月份出生的。

你也可以按照这个方法，算一算自己和其他同学的年龄和出生月份，就知道这个方法的妙处所在了。

## 题目2

列式是这样的：(家庭成员数×2+3)×5+男性成员数。只要把这个计算结果减去15，得出的数字的后一位就是男性成员的人数，前一位就是全家人数的总和。用总人数减去男性人数就是女性的人数了！

我们可以假设一下，家里有爷爷、奶奶、爸爸、妈妈和一个小男孩儿，那么列式为(5×2+3)×5+3=68。当小狄科把数字告诉老爷爷后，老爷爷就用这个数字减去15，得出53。3就是家里男性成员的人数，5则是全家的总人数。

这个公式仅限于男性成员人数为个位数。对于现在的家庭来说，这样的算法是足够的。